DAS WELTGEBÄUDE IM LICHTE DER NEUEREN FORSCHUNG

VON

Dr. W. NERNST

O.Ö. PROFESSOR AN DER UNIVERSITÄT
BERLIN

BERLIN

VERLAG VON JULIUS SPRINGER

1921

ISBN-13: 978-3-642-94067-5   e-ISBN-13: 978-3-642-94467-3

DOI: 10.1007/978-3-642-94467-3

Vorrede.

Der wesentliche Inhalt des vorliegenden kleinen Schriftchens ist die Wiedergabe eines Vortrages, den ich am 19. Februar d. J. in der Reihe der von der preußischen Akademie der Wissenschaften veranstalteten populären Vorträge hielt und den ich mit einigen Erweiterungen bald darauf im Wiener Ingenieurverein, hier also mehr im Kreise von Fachmännern, wie auch in der Prager Urania wiederholte. Diese Vorträge gaben mir eine höchst willkommene Gelegenheit, mit verschiedenen Astronomen die von mir vorgetragenen Ideen zu besprechen und so die Gefahr gröblicher Irrtümer zu vermindern, die stets auftritt, wenn ein Forscher sich auf ein seinem eigentlichen Fache ferner liegendes Gebiet begibt. — Im übrigen kann man allerdings wohl sagen, daß gerade der physikalische Chemiker nicht am schlechtesten vorgebildet sein dürfte, wenn es gilt, über die sowohl in das physikalische wie in das chemische Gebiet fallenden kosmischen Fragen ein Urteil sich zu bilden.

Es schien nützlich, einige allgemeine Vorbemerkungen in Gestalt einer Einleitung dem Inhalt meines Vortrages vorauszuschicken, wie auch den letzteren durch Anmerkungen zu ergänzen. Sowohl die Einleitung wie die Anmerkungen wenden sich mehr an den Fachmann, während ich dem Hauptkapitel dieses Schriftchens eine mehr populäre Form zu geben mich bemühte. Natürlich sind bei dieser Anordnung des Stoffes Wiederholungen nicht zu vermeiden, aber vielleicht kommt es dem leichteren Verständnis zugute, wenn einzelne Fragen wiederholt von verschiedenen Gesichtspunkten aus erläutert werden. — Sowohl bei Beschaffung von Literatur wie beim Lesen der Korrekturen unterstützte mich verständnisvoll Herr Dr. P. Günther.

Berlin, September 1921.   W. Nernst.

Inhaltsverzeichnis.

Einleitung. Fixierung der Probleme.

Als ich 1886 in Graz studierte, hielt Professor Boltzmann
seine Antrittsrede in der Wiener Akademie der Wissenschaften über den zweiten Wärmesatz[1]). Er bemerkte darin u. a.,
daß alle Versuche, das Universum von dem Wärmetode zu
erretten, erfolglos blieben, und daß auch er keinen derartigen
Versuch machen wolle.

Diese Stelle, die ich als Student las, machte den größten
Eindruck auf mich, und stets blieb seitdem mein Blick darauf
gerichtet, ob nicht irgendwo ein Ausweg sich zeigte. Denn
ein Zweifel daran, daß obige Konsequenz des zweiten Wärmesatzes von höchster Unwahrscheinlichkeit ist, kann wohl
kaum ernstlich gehegt werden; vielmehr wird jede natur-
wissenschaftliche Theorie des Kosmos davon ausgehen müssen,
daß ganz im Gegenteil zu der erwähnten Konsequenz der
Thermodynamik das Weltall sich in einem stationären
Zustande befindet, daß also im Mittel ebensoviel Sterne im
Kosmos durch Erlöschen ausscheiden, wie neue erglühen[2]).

Es kann gegenwärtig wohl nicht bezweifelt werden, daß die
Zerstörung der Arbeitsfähigkeit der Energie im Weltall praktisch so gut wie ausschließlich durch Strahlung erfolgt, bei
der, wie bekannt, Energie aus hoch erhitzter Materie in das
Äthermeer wandert; eine Hypothese, die uns den Verlust an
Arbeitsfähigkeit decken soll, welchen der zweite Wärmesatz
für irreversible Prozesse postuliert, wird also nicht umhin

---

[1]) Populäre Schriften S. 25 (Leipzig 1905 bei Ambr. Barth).
[2]) Diese Auffassung vertritt bekanntlich ebenfalls mit Entschieden-
heit Prof. Arrhenius in seinem „Werden der Welten".

können, den Energieinhalt des Lichtäthers (oder, wenn man will, des „leeren Raumes") zu Hilfe zu ziehen.

Eine derartige Hypothese habe ich in einem 1912 auf der Naturforscherversammlung zu Münster gehaltenen Vortrage[1]) „Zur neueren Entwicklung der Thermodynamik", übrigens mehr nebenbei, mit folgenden Worten entwickelt:

„Die Entdeckung des radioaktiven Zerfalls der Elemente hat uns mit Energiequellen von einer Mächtigkeit bekannt gemacht, von denen wir früher keine Vorstellung hatten; nehmen wir an — jede andere Vorstellung wäre offenbar ganz willkürlich —, daß alle Elemente des radioaktiven Zerfalls fähig sind, und daß nur die Mehrzahl der Elemente sich viel zu langsam in einfachere Bestandteile spaltet, um eine messende Verfolgung dieses Zerfalls zu gestatten, so kommen wir zu dem Ergebnis, daß innerhalb der Atome aller Elemente Energievorräte aufgespeichert sind, im Vergleich zu denen der Wärmeinhalt, d. h. die kinetische Energie der Atome und ihre damit in Verbindung stehende potentielle Energie, wie auch etwaige chemische Energie verschwindend klein sind.

Aber noch ein zweites auffallendes Moment bieten die radioaktiven Prozesse dem Thermodynamiker dar, nämlich die Erscheinung der Nichtumkehrbarkeit oder Irreversibilität. Während wir z. B. einen noch so komplizierten chemischen Prozeß, der in einem Sinne verläuft, zweifellos durch geeignete Variationen der Versuchsbedingungen dazu bringen können, daß er auch in entgegengesetzter Richtung sich abspielt, so haben wir im Gegenteil bei dem radioaktiven Umsatz nicht den geringsten Anhaltspunkt dafür, daß Versuchsbedingungen möglich sind, die das Uran oder ein anderes radioaktives Element aus seinen Zerfallsprodukten sich zurückbilden ließen; ja wir sind

---

[1]) Verhandl. d. Ges. dtsch. Naturforsch, u. Ärzte 1912, I.

sogar nicht einmal in der Lage, die Geschwindigkeit des radioaktiven Zerfalls durch die äußeren Versuchsbedingungen, insbesondere auch nicht durch die Temperatur, irgendwie zu ändern. Dieser Umstand bedingt es aber weiterhin, daß der zweite Hauptsatz, der ja nur auf umkehrbare Prozesse anwendbar ist, der Radioaktivität zunächst machtlos gegenübersteht, wenigstens was eine quantitative Behandlung dieser Vorgänge betrifft.

Aber vielleicht können die Erscheinungen der Radioaktivität in einer anderen Hinsicht zu den Folgerungen des zweiten Wärmesatzes in Beziehung gesetzt werden. Es führt nämlich bekanntlich der zweite Wärmesatz in seiner Anwendung auf das Weltall zu einer sehr fatalen Konsequenz, und alle Versuche, das Universum vor dieser Folgerung zu erretten, müssen bisher als gescheitert angesehen werden. Wenn nämlich die Rückverwandlung der Wärme in Arbeit oder, was dasselbe bedeutet, in die lebendige Kraft bewegter Massen gar nicht oder nur teilweise möglich ist, und wenn umgekehrt alle Vorgänge in der Natur sich so abspielen, daß ein mehr oder weniger großer Betrag von Arbeit sich in Wärme, also wie man es auch bezeichnen kann, in degradierte Energie umsetzt, so geht alles Geschehen im Weltall in der Richtung vor sich, daß eine derartige Degradation immer mehr um sich greift, und daraus folgt, daß alle Spannkräfte, die noch Arbeit leisten könnten, verschwinden und somit alle sichtbaren Bewegungen im Weltall schließlich aufhören müßten.

Die Richtigkeit dieser Schlußweise ist unbestreitbar, und es muß von vornherein als ganz ausgeschlossen erklärt werden, daß etwa durch Kombination von Diffusion, Wärmeleitung, Attraktion von Massen, wobei stets sich etwas sichtbare lebendige Kraft in Wärme umsetzen muß, von elektrischen Prozessen, überhaupt von Vorgängen, die dem zweiten Wärmesatz im einzelnen sämtlich unterworfen sind, ein Resultat bei richtiger Rechnung sich ergeben kann, das mit obiger Gesamtforderung des zweiten Wärmesatzes in Widerspruch sich befände.

Auch die Erscheinungen des radioaktiven Zerfalls sind offenbar Vorgänge, die mit einer Degradation der Energie verbunden sind und können daher an obigem Resultate prinzipiell nichts ändern, wenn auch die in den Atomen aufgespeicherten Energiemengen einen früher ungeahnten Zuwachs an Arbeitsfähigkeit des Universums bedeuten; hierdurch kann jedoch der sogenannte Wärmetod des Weltalls zwar hinausgeschoben, aber sein schließliches Eintreten nicht verhindert werden. Man muß vielmehr sagen, daß die Theorie des radioaktiven Zerfalls der Elemente der oben erwähnten Degradation der Energie eine ebenfalls unausgesetzt sich abspielende Degradation der Materie an die Seite gestellt und so die Aussichten auf eine Götterdämmerung des Weltalls nur noch verdoppelt hat.

Trotzdem scheint eine Rettung möglich, wenn wir einen dem radioaktiven Zerfall entgegenwirkenden Prozeß annehmen, etwa indem wir uns vorstellen, daß zwar die Atome sämtlicher Elemente des Universums im Laufe der Zeit sich vollständig in eine Ursubstanz auflösen, welch letztere wir wohl mit dem sogenannten Lichtäther, jenem hypothetischen Zwischenmedium, zu identifizieren haben werden, daß aber in diesem Medium, ähnlich wie in einem Gase im Sinne der kinetischen Theorie, alle möglichen Konstellationen, selbst solche unwahrscheinlichster Art, vorkommen können, und daß auf diesem Wege von Zeit zu Zeit ein Atom irgendeines Elementes (am wahrscheinlichsten sogar eines hochatomigen Elementes) sich rückbildet.

Dieser Vorgang braucht in der Tat nur ganz ungeheuer

selten vorzukommen, wie erstens aus der ungeheuren Lebensdauer der gewöhnlichen chemischen Elemente hervorgeht und zweitens aus der ungeheuren Spärlichkeit folgt, mit der die Materie im Weltalle verteilt ist (im Mittel etwa alle hundert Kilometer ein Massekörnchen von der Größe eines Stecknadelkopfes!). Leider ist infolgedessen auch so gut wie gar keine Aussicht vorhanden, das soeben supponierte Phänomen einer Umkehrung des radioaktiven Zerfalls experimentell zu fassen und so dem eben skizzierten Gedankengange eine erfahrungsmäßige Unterlage zu verleihen. Aber immerhin schien mir der Hinweis nicht ganz ohne Interesse, daß gegenwärtig eine wohl nicht gar zu unwahrscheinliche Auffassung möglich ist, nach welcher die im Weltall vorhandene Materie nebst ihrem Energieinhalt in einem gewissen Beharrungszustande sich befinden würde, und daß daher ein Aufhören alles Geschehens wenigstens nicht mehr als eine unbedingte Konsequenz unserer gegenwärtigen Naturauffassung hingestellt zu werden braucht.‘‘

Inzwischen ist natürlich so mancher neue Ausblick hinzugekommen, insbesondere spricht mancherlei dafür, daß die Annahme, die meines Wissens in obigen Ausführungen sich zum ersten Male findet, wonach man den Lichtäther von gewaltigen Energiemengen sich erfüllt denken muß, auch für unsere sonstige Naturbetrachtung fast unentbehrlich scheint. Den Hauptinhalt der nachfolgenden Ausführungen wird daher die nähere Begründung und weitere Anwendung meiner obigen kosmischen Hypothese bilden.

Das Weltgebäude im Lichte der neueren Forschung.

Zu den mächtigsten Eindrücken, die der Mensch auf sich einwirken lassen kann, gehört die Betrachtung des Firmaments in einer klaren Nacht; Naturvölker erblickten teils in den Sternen bloße Feuerfunken, teils huldigten sie dem Gestirnkult; die römische Inquisition glaubte noch die Wandelsterne von Dämonen besessen; selbst ein so hervorragender, an der Schwelle der modernen Forschung stehender Astronom, wie Tycho de Brahe, verschmähte es nicht, die gerade am Himmel herrschende Konstellation zur Weissagung heranzuziehen; der moderne Kulturmensch ist überzeugt, daß die Fixsterne großenteils unserer Sonne sehr ähnliche Gebilde sind und daß sich im übrigen weder Fixsterne noch Planeten sonderlich um Menschenschicksale kümmern dürften. Zu den Ergebnissen der astronomischen Forschung der letzten Jahrhunderte gehört ferner, daß unsere Sonne ein Mitglied eines ungeheuren Sternhaufens von etwa linsenförmiger Ausdehnung bildet, dessen randförmige Begrenzung wir als Milchstraße erblicken.

Die Wirkung eines Kunstwerkes auf das menschliche Gemüt wird stets vertieft durch Reflexionen, die hinter der Schwelle des deutlichen Bewußtseins sich geltend machen, und so kommt es, daß jedes große Kunstwerk zur nachdenklichen Betrachtung anregt. Man erhält einen starken Impuls, jener im Hintergrunde schlummernden Empfindung sich klar zu werden.

Worin ist nun wohl der Grund der mächtigen, ästhetischen

Wirkung der Firmamentbetrachtung zu erblicken? Zunächst wohl in der Empfindung der ungeheuren Gleichgültigkeit alles Geschehens auf unserer Erde dem endlosen Raume gegenüber, in dem „wie Gras der Nacht Myriaden Welten keimen"; es ist aber besonders der Gedanke der zwiefachen Unendlichkeit von Raum und Zeit, der wie eine dunkle Ahnung den Beschauer durchschüttelt.

Das Licht der in der Milchstraße befindlichen Sonnen gebraucht nach neueren Messungen zehntausende von Jahren, ehe es zu uns gelangt, obwohl die Geschwindigkeit des Lichtes (300 000 Kilometer) alle uns sonst bekannten Geschwindigkeiten ungeheuer übersteigt; die Entfernung der äußersten Sterne der Milchstraße läßt sich sogar auf dreißigtausend Lichtjahre schätzen. Wahrscheinlich aber sind unsern Betrachtungen durch das Fernrohr auch noch Weltsysteme zugänglich, deren Entfernung ungeheuer viel größer ist und die Sternhaufen ähnlich unserer Milchstraße bilden. Als vollkommen sicher kann diese Auffassung noch nicht gelten, weil möglicherweise die betreffenden Gebilde doch noch zu unserem Milchstraßensystem gehören. Sicher aber ist, daß in größerer Entfernung von der Sonne, d. h. an der Grenze unseres Milchstraßensystems, die Zahl der in einem bestimmten Raume befindlichen Sterne, die sogenannte Sterndichte, gewaltig abnimmt, so daß unser Milchstraßensystem tatsächlich als ein Sternhaufen im Weltenraume zu betrachten ist.

Ebenso, wie unser Raumbegriff, verglichen mit irdischen Entfernungen, auf ganz andere Dimensionen eingestellt werden muß, wenn wir das Firmament betrachten, so gelten für das Geschehen im Weltall auch Zeiten ganz anderer Größenordnung, als sie etwa in der Geschichte des Menschengeschlechts, der sogenannten Weltgeschichte, eine Rolle spielen. Die Bestimmung der dort maßgebenden Zeiträume ist natürlich noch sehr viel schwieriger, als die der räumlichen Entfernungen, und es wird ein wichtiges Kapitel der nachstehenden Betrachtungen werden, was die neueste Forschung hierzu sagt.

Es entsteht hierbei die Frage, ob unsere erfahrungsmäßigen Begriffe von Raum und Zeit bei einem so gewaltigen Dimensionswechsel ihre ursprüngliche Bedeutung streng bewahren; soweit es die Naturforschung bisher erfahrungsmäßig kontrollieren konnte, trifft dies zu. Aber sind auch unsere weiteren, durch Messungen in sehr beschränkten Dimensionen gewonnenen Ergebnisse des Experiments, deren Niederschlag wir in den Gesetzen der Physik und Chemie wiederfinden, unverändert auf das Weltgebäude übertragbar? Man hat dies bei allen Betrachtungen über den Bau des Fixsternhimmels angenommen, und soweit man es kontrollieren konnte, wohl ebenfalls mit Recht. Aber ganz sicher ist dies natürlich trotzdem keineswegs. So ist zuzugeben, daß die Übertragung unserer zeitlich und räumlich nur in sehr bescheidenen Dimensionen geprüften Naturgesetze auf die Probleme, die uns die Betrachtung des Firmaments stellt, möglicherweise zu unrichtigen oder wenigstens ungenauen Schlüssen führen kann. Dies muß nun einmal bei derartigen Erwägungen in den Kauf genommen werden. Und noch eine zweite, große Schwierigkeit kommt hier hinzu. Eine Theorie des Weltgebäudes basiert auf dem Wissen der Zeit, zu der sie entstand. So mußte ein Helmholtz, als er die Hypothese von Kant und Laplace weiter ausbaute, die er übrigens mit vollstem Rechte als einen der glücklichsten Griffe der Naturforschung bezeichnete, auf die tiefe Erkenntnis verzichten, welche die spätere Entdeckung der Radioaktivität für derartige Fragen gebracht hat. Und niemand wird heute behaupten wollen, daß nicht ähnlich bedeutsame Entdeckungen noch im Schoße der Zukunft schlummern könnten!

An unsere heutige Aufgabe, uns auf naturwissenschaftlicher

Grundlage ein Bild des Werdens und Vergehens der Himmelskörper zu verschaffen, können wir daher nur mit starken Vorbehalten herantreten. Helmholtz, der sich sehr intensiv mit kosmischen Fragen beschäftigt hat, äußert sich hierzu mit folgenden Worten (Vorträge und Reden Bd. II, S. 58): „Vielleicht vermag es vermessen erscheinen, daß wir, die wir im Kreise unserer Betrachtungen begrenzt sind, räumlich durch unsern Verstand auf der kleinen Erde, die nur ein Stäubchen in unserem Milchstraßensystem ist, zeitlich durch die Dauer der kurzen Menschengeschichte, es unternehmen, Gesetze, welche wir aus dem engen, uns zugänglichen Bereiche von Tatsachen herausgelesen haben, geltend zu machen für die ganze Ausdehnung des unermeßlichen Raumes und der Zeit." Aber er fügt ferner mit Recht hinzu, daß gerade derartige Betrachtungen dazu beitragen können, über die Grenzen der naturwissenschaftlichen Methoden und über die Tragweite der zur Zeit gefundenen Gesetze uns klar zu werden.

Der Kernpunkt der Kant-Laplaceschen Theorie, soweit er die Zeiten überdauert hat, wie wir sie daher heute auffassen, besteht im folgenden. An irgendeiner Stelle des Weltenraumes häuft sich Materie, Gas oder Staub, in zunächst ungeheurer Verdünnung an. Durch die Newtonsche Massenanziehung erfolgt eine Kontraktion unter Leistung gewaltiger Arbeit seitens dieser Kraftwirkung. Wie dann besonders Helmholtz unter Benutzung des Gesetzes von der Erhaltung der Kraft zeigen konnte, gerät die Masse hierbei in hohe Glut und bildet einen großen Nebelstern, auch Riesenstern genannt, wie wir solche am Himmel, wenn auch nicht in großer Zahl, beobachten können. Bei weiterer Kontraktion steigen Dichte und Temperatur, es entsteht der im weißen Lichte strahlende Fixstern, „Zwergstern" genannt. Hierauf setzt die Abkühlung ein. Das weiße Licht wird gelblich und dann rötlich, bis endlich überhaupt die Leuchtkraft aufhört, es entstehen die

Dunkelsterne, die unserer direkten Wahrnehmung natürlich entgehen, aber deren Existenz unter anderem in vielen Doppelsternen als unsichtbare Begleiter eines hellen Sternes durch ihre Kraftwirkung nicht nur nachgewiesen, sondern auch nach ihrer Masse hin untersucht werden konnte. Die roten Sterne sind entweder sehr hell, dann sind sie sehr ausgedehnte, schwachglühende Nebelsterne, oder sehr dunkel, dann sind sie dichte, schon stark erkaltete Sonnen. Alle Stufenfolgen der beschriebenen Entwicklung können wir also in zahlreichen Exemplaren am Himmel studieren. Allerdings scheint es auch einzelne „Außenseiter" zu geben, die in das beschriebene Schema nicht ganz hineinpassen. Man darf daher nicht behaupten, daß alle Sterne genau den erwähnten Entwicklungsgang durchgemacht haben, sondern man muß es für möglich ansehen, daß einzelne Sterne ihre besonderen Schicksale gehabt haben. Es kann den Erfolg der Kant-Laplaceschen Hypothese aber nicht beeinträchtigen, wenn sie uns sozusagen nur die normale Entwicklung eines Sternes liefert. Unsere Sonne mit ihrem gelblichen Lichte befindet sich also auf dem absteigenden Aste; als Fixstern hat sie ihren Höhepunkt bereits überschritten.

Wenn bei der Kontraktion der Gasmasse zunächst Ringe sich ablösen, die sich später zusammenballen, so würden Planeten mit ihren Monden entstehen. Mit dieser Frage hat sich zuerst besonders Laplace beschäftigt, doch stößt diese Auffassung, wie spätere Forscher gezeigt haben, in ihrer Durchführung im einzelnen zur Zeit noch auf große Schwierigkeiten, wenn man lediglich mit dem Newtonschen Kraftgesetz operiert. Wir werden später sehen, daß wahrscheinlich starke elektrostatische Kräfte bei dem Prozesse der Planetenbildung mitgewirkt haben, so daß künftige Rechnungen auf eine etwas veränderte Basis gestellt werden müssen. Wie dem auch sei, die vielen auffallenden Regelmäßigkeiten in den Planetenbahnen lassen sich nur so erklären, daß die Masse der Planeten einst im Nebelstern versammelt war. Dies klar erkannt und begründet zu haben, ist wohl das größte Verdienst der Kantschen Arbeit und diese Auffassung wurde wohl nie ernstlich in Zweifel gezogen. Und um das Hauptresultat unserer späteren Betrachtung hier gleich vorweg zu nehmen, so werden wir finden, daß im großen und ganzen die Kant-Laplace-Hypothese zwar beizubehalten ist, daß sie aber im einzelnen, den Forderungen der neuen Erkenntnisse, hauptsächlich etwa der letzten fünfzehn Jahre entsprechend, in wesentlichen Punkten ergänzungsbedürftig ist.

Die außerordentliche Verfeinerung der Experimentierkunst der letzten Jahrzehnte, dem Erfolge nach zweifellos der wichtigste Fortschritt der naturwissenschaftlichen Epoche unserer Zeit, hat sich auch in glänzendster Weise bei der Durchforschung des Sternhimmels geltend gemacht. Unser Milchstraßensystem ist soweit untersucht, daß man die Zahl seiner leuchtenden Sterne mit einiger Sicherheit auf etwa $1/2$ Milliarde schätzen kann. Von einer großen Zahl von Sternen kennen wir ihren Abstand von der Sonne, Eigenbewegung, Temperatur und Querschnitt. Dies klingt einfach, aber man kann sich kaum vorstellen, welche Fülle von feinsinniger Beobachtung und theoretischem Scharfsinn aufgespeichert werden mußte, um in den Sternkatalogen diese Daten zahlreich versammeln zu können. Wir dürfen nicht vergessen, daß im Gegensatze zu den Planeten die Fixsterne im Fernrohr nur als sozusagen ausdehnungslose Lichtpünktchen erscheinen, und daß daher z. B. ihr wirklicher Querschnitt nur auf Umwegen erschlossen werden konnte. Die Zeit gestattet natürlich nicht, diese Methoden auch nur andeutungsweise zu skizzieren, aber um darzulegen, wie erfolgreich gegenwärtig an ihrer weiteren Ausbildung gearbeitet wird, will ich doch wenigstens kurz erwähnen, daß es soeben Prof. Michelson in Amerika gelungen ist, unter Benutzung von Interferenzerscheinungen des Lichtes sogar direkt den Durchmesser von Sternscheiben mit bewundernswerter Genauigkeit zu messen.

Von den vielen merkwürdigen Resultaten, die die neuere Durchmusterung des Sternhimmels geliefert hat, überrascht besonders folgendes. Die Masse der weitaus größten Zahl von Sternen schwankte nur innerhalb auffallend enger Grenzen; Unterschiede der Sternmassen kommen zwar vor, insbesondere erweisen sich, wie Prof. Ludendorff in Potsdam nachwies, die sehr heißen weißen Sterne durchschnittlich von größerer Masse, wie auch leicht verständlich; je größer die Masse, um zu so höherer Glut kann sie sich kondensieren; aber groß sind die Unterschiede nicht; um eine Zahl zu geben, sie beträgt 10^{33}—10^{34} g. Wie dies zu deuten ist, werden wir erst später sehen können. Vom Standpunkte der ursprünglichen Kant-Laplace-Theorie ist dies Verhalten natürlich unverständlich, weil sie über die Menge von Materie, die sich zufällig irgendwo im Weltenraume angehäuft hat, um sich zu einer glühenden Sonne zu verdichten, gar nichts auszusagen vermag. Aber ein Widerspruch gegen jene Theorie ist darin natürlich nicht zu erblicken.

Anders liegt es mit drei weiteren Konsequenzen der herrschenden Theorien, die jene zwar nicht geradezu umstürzen, aber uns doch im höchsten Maße bedenklich machen müssen; ich meine nämlich das sogenannte thermodynamische Weltproblem, ferner ein zweites Weltproblem, das ich als das „radioaktive Weltproblem" bezeichnen möchte, und schließlich das sogenannte „kosmische Weltproblem". Es handelt sich hier um im Grunde einfache, aber durchaus fundamentale Betrachtungen.

Wir gehen dabei von folgender Vorstellung aus. Der Naturforscher wird unmöglich annehmen dürfen, daß zu einer bestimmten Zeit die ganze Welt in einem chaotischen Zustand sich befand, aus dem sich die glühenden Sonnen verdichteten, um schließlich in einen Zustand zu gelangen, in welchem die Neubildung von Sonnen nicht mehr möglich ist. Mit anderen Worten: die Vorstellung, daß alles Geschehen auf der Welt sozusagen an einem bestimmten Tage begonnen und an einem bestimmten Tage vollkommen erlischt, ist in sich so unwahrscheinlich, daß wir jede Theorie, die notwendig zu dieser Folgerung führt, als äußerst unwahrscheinlich und daher als unvollkommen bezeichnen müssen.

Weder Kant noch Laplace konnten sich darüber klar sein, daß ihre Theorien der Weltenbildung notwendig eine begrenzte Lebensdauer alles Geschehens voraussetzen, sonst hätten sie sicher die Allgemeingültigkeit ihrer Anschauungen selber in Abrede gestellt. Erst der Entwicklung der Wärmelehre blieb es vorbehalten, mit derjenigen Sicherheit, die ein Schluß vom Laboratorium auf das Universum überhaupt gestattet, die oben erwähnte, gewiß höchst unerfreuliche Schlußfolgerung zu ziehen. Es war zuerst der berühmte englische Physiker Lord Kelvin, der darauf aufmerksam machte, daß im Sinne der durch Carnot und Clausius begründeten Wärmelehre der gesamte Kraftvorrat der Welt zwar langsam, aber sicher sich in Wärme umsetzen und daß ebenso sicher alle vorhandene Wärme zum Temperaturgleichgewichte gelangen muß. Damit ist aber das Weltall zur ewigen Ruhe verurteilt, die Anwendung der Gesetze der Wärmelehre, mit anderen Worten der allgemeinsten und zuverlässigsten Gesetze, die wir überhaupt besitzen, auf die Kant-Laplaceschen Ideen, läßt uns den grausigen Gedanken im Hintergrunde erscheinen, daß die Welt in einen ewigen Kirchhof sich zu verwandeln strebt. Man drückt dies gewöhnlich so aus, daß das Universum unrettbar dem Wärmetode verfallen ist.

Wir wollen versuchen, das eben dargelegte thermodynamische Weltproblem noch etwas spezieller und anschaulicher zu fassen. Die glühenden Sonnen unseres Fixsternhimmels geben sämtlich fortwährend Wärme infolge von Strahlung an den Weltenraum ab, und da auch alle sonst aufgespeicherte Energie sich im Laufe des Geschehens in Wärme umsetzen muß, so können wir sagen, daß der Energieinhalt der Materie einseitig in Form von Wärmestrahlung in den unendlichen Weltenraum wandert. Nach den bisherigen Auffassungen ist diese Energie für jede künftige Arbeitsleistung, also für jegliches Geschehen, rettungslos verloren. Und so erkennen wir denn, daß nur die Annahme eines Vorganges, der in umgekehrter Richtung wirksam ist, hier Abhilfe schaffen kann.

Wir können noch einen Schritt weiter gehen. Es steht durch die Arbeiten Einsteins seit einigen Jahren fest, daß, wenn Materie Energie abgibt, ihre Masse zugleich abnimmt; meistens handelt es sich aber um so ungeheuer winzige Beträge, daß dieser Massenschwund unermeßbar klein ist, so daß wir für praktische Zwecke hinreichend genau die Masse als unveränderlich ansehen dürfen. Aber im Prinzip können wir sagen, daß fortwährend Masse sich in dem Weltenraum verflüchtigt, ohne daß wir bisher einen Prozeß angeben konnten, der diesen Abfluß ersetzt.

Das oben dargelegte thermodynamische Problem ist das allgemeinste seiner Art; die beiden nachfolgenden Probleme sind eigentlich nur spezielle Fälle und nähere Erläuterungen dazu. Es ist etwa zwanzig Jahre her, daß im Anschlusse an Röntgens Entdeckung der merkwürdige Atomzerfall gewisser Elemente, mit anderen Worten das radioaktive Verhalten aufgefunden wurde. Der wesentliche Zug dieser Erscheinungen besteht darin, daß immer Elemente von höherem Atomgewichte spontan in solche von kleinerem Atomgewicht sich spalten. Als Produkt der Abspaltung treten neben

Elektronen bei diesem radioaktiven Abbau stets Helium-
atome auf. Dank den sogenannten Verschiebungssätzen von
Russell, Fajans und Soddy sind wir sogar imstande, genau den chemischen Charakter der außer Helium neugebildeten Elemente anzugeben, wie wir wohl sagen können, daß
wir über die radioaktiven Prozesse, insbesondere durch die
Forschungen von Rutherford, fast besser unterrichtet sind,
als über die gewöhnlichen chemischen Reaktionen, die von
allen uns bekannten Erscheinungen den radioaktiven Vorgängen am ehesten an die Seite zu stellen sind. Eine Umkehr der
radioaktiven Prozesse, also ein Aufbau eines komplizierten
Atoms aus einfacheren Atomen, ist bisher nicht beobachtet
worden, wohl aber können wir mit großer Sicherheit mit
Hilfe der neueren Thermodynamik berechnen, daß ein solcher
Aufbau unter ganz extremen Bedingungen, nämlich bei Temperaturen von mehr als zehntausendmillionen Grad möglich
sein müßte. Nach neueren, gut begründeten Auffassungen
kommen solche Temperaturen, die wir natürlich im Laboratorium nicht entfernt realisieren können, auch selbst im
Innern der heißesten Fixsterne nicht vor. Aber selbst, wenn
dies vereinzelt möglich wäre, so würde dies an der nachfolgenden Betrachtung im Prinzip nichts ändern.

Experimentell ist die Radioaktivität bisher nur an einer
kleinen Zahl von Elementen beobachtet worden. Zahlreiche
Umstände, insbesondere sehr merkwürdige Beziehungen zwischen den Atomgewichten der Elemente, haben aber zu der
Überzeugung geführt, daß es sich hier, wie ja auch von vornherein kaum zu bezweifeln war, nicht um eine singuläre
Eigenschaft, sondern um eine ganz allgemeine Erscheinung
handelt.

Nunmehr können wir sofort, falls wir, wie oben hervorgehoben, keinen Anfang des Weltgeschehens voraussetzen,
folgenden Schluß ziehen: wenn sich fortdauernd durch radio-

aktive Prozesse, meistens zwar mit ungeheurer Langsamkeit, dafür aber mit unaufhaltsamer Sicherheit, Helium (und wahrscheinlich auch Wasserstoff) entwickelt, so müßten die sonstigen chemischen Elemente längst von der Bildfläche verschwunden sein, die Welt müßte ein ganz anderes Antlitz zeigen, als wir es gegenwärtig erblicken; anstatt der Fülle der Erscheinungen der Außenwelt, die eben in letzter Linie auf der Verschiedenartigkeit ihrer Bausteine beruht, hätte schon längst eine unendliche Öde und Einförmigkeit ihren düsteren Schleier auf die gesamte Umgebung werfen müssen. Oder, wenn wir wirklich von einem gegebenen Zeitmoment ausgehen wollen, den uns die abwechslungsreiche Materie mit den zahlreichen Elementen und ihren unzähligen Verbindungen darbot, so müßte letztere in absehbarer Zeit dem eben skizzierten Ende des fast völligen Ausgleiches der materiellen Unterschiede anheimfallen. Offenbar ist diese speziellere Perspektive des Materietodes um nichts erbaulicher, als die allgemeinere, soeben besprochene Aussicht auf den Wärmetod des Weltalls.

Ganz kurz streifen möchte ich nur das besonders von dem berühmten Münchener Astronomen Seeliger in mehreren Abhandlungen behandelte sogenannte kosmische Problem, wonach ein mit Masse erfüllter Weltenraum, auch wenn die Massendichte im Durchschnitt noch so gering ist, im allgemeinen unendliche Kräfte auf jeden Massenpunkt ausüben müßte, was natürlich nicht angenommen werden darf. Diese Konsequenz verschwindet, wie Seeliger zeigte, wenn man eine Absorption der Gravitation in sehr großen Entfernungen annimmt. Aber es bleibt bestehen, daß notwendig die Gravitation auf die Dauer zu einem Zusammenballen der im Weltenraume zerstreuten Massen, insbesondere auch der Sterne unseres Milchstraßensystems führen muß. Für das folgende wollen wir also daran festhalten, daß behufs Sicherung eines, kurz ausgedrückt, normalen Fortbestehens des Weltgebäudes auch eine Ursache bestehen muß, die für eine Zerstreuung der aufgehäuften Massen sorgt. Die Wärmestrahlung besorgt dies zwar, wie wir oben sahen, aber in einer quantitativ nicht entfernt ausreichenden Weise und nur unter ungeheuren Verlusten an Arbeitsfähigkeit.

Zusammenfassend dürfen wir also folgendes sagen: Die Annahmen von Kant und Laplace haben so viele Bestätigungen im Laufe der Zeit erfahren, daß wohl sicher ein richtiger Kern in ihnen zu erblicken ist; sie reichen aber nicht aus, weil sie uns betreffs höchst wichtiger Fragen im Stiche lassen. Das logische Bedürfnis zwingt den Naturforscher, hier auf Abhilfe zu sinnen, selbst auf das Risiko hin, daß mangels unserer Kenntnisse zur Zeit diese Fragen noch nicht spruchreif sein sollten.

An dem Problem der Deutung des Weltgebäudes haben die hervorragendsten Geister der Naturforschung regsten Anteil genommen; von früheren Forschern nenne ich außer Kant und Laplace nur Namen wie Lord Kelvin, Helmholtz, Boltzmann. Ein Fortschritt auf diesem Gebiete wird also nur auf Grund neuer Tatsachen und neuer daraus fließender Auffassungen erfolgen können. Allgemein kann man sagen, daß es in naturwissenschaftlichen Fragen ziemlich aussichtslos ist, sich auf ein Problem zu stürzen, über das die größten Forscher der Vergangenheit eingehend nachgedacht haben, es sei denn, daß man inzwischen in den Besitz von Erfahrungstatsachen oder logischen Hilfsmitteln gelangt ist, die den hervorragenden Vorgängern nicht zu Gebote standen. Das ist aber heute der Fall, und daher ist es wohl nicht zu unbescheiden, wenn man gegenwärtig von einer erneuten Behandlung des Problems sich Erfolg verspricht. Ich möchte daher jetzt dazu übergehen, diejenigen naturwissenschaftlichen

Fortschritte der neuesten Zeit kurz zu besprechen, die meines Erachtens für die Behandlung kosmischer Fragen besonders erfolgverheißend sind.

Im Anschlusse an die Durchforschung der radioaktiven Erscheinungen sind wir, insbesondere dank den Arbeiten von Rutherford und Bohr, zu tiefen Einblicken in die Konstitution der Atome chemischer Elemente gelangt. Hiernach besteht jedes Atom aus einem positiv geladenen, schweren Kern, um den die viel leichteren, negativen Elektronen, die Elementaratome der negativen Elektrizität kreisen. Durch die denkwürdige Entdeckung von Prof. v. Laue wurde man sogar in den Stand gesetzt, sämtliche Elemente nach der Zahl der Ladungen des Kerns, oder, was dasselbe ist, nach der Zahl der umlaufenden Elektronen, in eine Reihe zu ordnen, sie, mit anderen Worten, mit Sicherheit zu numerieren. Die Ordnungszahl des höchsten uns bekannten Elementes, des Urans, beträgt 92. Wir kennen sämtliche Glieder dieser Reihe bis auf fünf, und auch von diesen fehlenden Gliedern sind wir in der Lage, ihr physikalisches und chemisches Verhalten sehr eingehend anzugeben. Offenbar sind diese fehlenden Elemente ungeheuer selten, zum Teil vielleicht so stark radioaktiv, daß sie bereits ausgestorben sind. Jedenfalls wird man der Arbeit der Chemiker, die sich hier auf rund ein Jahrhundert erstreckte, das große Kompliment nicht versagen dürfen, daß sie, auf dem Gebiete der seltenen Erden unter besonders großen Schwierigkeiten, so ziemlich alles von Elementen entdeckt hat, was zu entdecken war, gewiß ein besonders schlagendes Beispiel für die große Sicherheit, mit der die exakte Naturforschung zu arbeiten in der Lage ist. Ob es noch Elemente oberhalb des Urans gibt, wissen wir nicht, doch ist kaum zu bezweifeln, daß gerade diese Elemente stark radioaktiv sein würden, und so wird es sich wohl zum Teil erklären, daß sie als großenteils abgestorbene Elemente auf unserer Erde vielleicht nicht mehr zu finden sind, wenigstens nicht an den uns zugänglichen Stellen.

Nunmehr wird auch ein merkwürdiger Befund erklärlich, der schon längst die Aufmerksamkeit der Forschung auf sich gezogen hat. Zu den interessantesten Erscheinungen gehören die Meteore, die in großer Anzahl und sehr verschiedener Größe auf unsere Erde niederfallen. Sicherlich sind dies Boten ferner Himmelskörper, wahrscheinlich mindestens zum Teil fremden Sonnensystemen entstammend. Natürlich haben die Chemiker die Meteorsteine sorgfältig analysiert, aber nie ist darin ein neues Element entdeckt worden. Dies legte schon längst die Vermutung nahe, daß sämtliche Himmelskörper im wesentlichen aus den gleichen Elementen bestehen, wie die Erde oder auch wie unsere Sonne, aus deren Schoße ja unsere Erde entstanden ist. Durch die Spektralanalyse wurde diese Auffassung fast zur Gewißheit, und wenn gewisse Spektrallinien auf der Sonne und anderen Fixsternen noch nicht mit irdischen Elementen identifiziert sind, so scheint nach neuesten Untersuchungen dies so zu deuten zu sein, daß es sich hier um uns wohl bekannte Elemente handelt, die bei den sehr hohen daselbst herrschenden Temperaturen einige Elektronen abgespalten haben, und daher auch notwendigerweise ein anderes Spektrum aufweisen müssen. Verschiedene Gründe haben zu der Annahme geführt, daß der Hauptbestandteil von Erde und Sonne Eisen ist; im Einklang damit gibt es viele Meteorite, die fast ausschließlich aus diesem Element bestehen.

Wie gut sich die Annahme der Gleichförmigkeit der chemischen Zusammensetzung aller Himmelskörper bewährt hat, lehrt besonders eindringlich folgendes Beispiel. Im Jahre 1879 entdeckten Nilson und Cleve das Element Skandium, ein Analogon des Aluminiums, doch fand man es nur in äußerst geringen Mengen, so daß es zu den allerseltensten Begleitern der sogenannten seltenen Erden zu gehören schien.

2*

Spektralanalytisch fand man aber in zahlreichen Fixsternen die diesem Elemente eigentümlichen Spektrallinien, und so kam Prof. Eberhardt am Potsdamer Astrophysikalischen Observatorium auf den Gedanken, daß das Skandium auch auf der Erde ziemlich verbreitet sein müsse. Nachdem Prof. Eberhardt eine sichere spektralanalytische Bestimmungsmethode für das Skandium ausgearbeitet hatte, gelang es besonders den Bemühungen von Prof. R. J. Meyer hier in Berlin, die früher so rare Skandiumerde aus zahlreichen Erzen (Wolframiden, Zinnerzen, Zirkonen) zu gewinnen, so daß jetzt fast unbegrenzte Mengen dieses Elements zur Verfügung stehen, zugleich ein interessanter Beleg dafür, daß Beobachtungen ferner Fixsterne zu greifbaren, praktischen Ergebnissen auf unserer Erde führen können.

Die Gleichartigkeit der chemischen Zusammensetzung der verschiedensten Himmelskörper konnte früher überraschen, als man noch an die Möglichkeit unzähliger chemischer Elemente glauben konnte; seitdem man aber, wie oben auseinandergesetzt, gerade in den letzten Jahren ihre endliche, ganz begrenzte Anzahl erkannt hat, wird der obige Befund leicht verständlich. Immerhin könnte man nach Kant und Laplace noch annehmen, daß bei der Bildung der Fixsterne der materielle Anfangsnebel in verschiedenen Fällen auch ganz verschiedene Zusammensetzung hätte haben können; eine Theorie, die dies von vornherein ausschließt, gewinnt offenbar an innerer Wahrscheinlichkeit.

Obwohl etwas außerhalb unserer eigentlichen Betrachtungen liegend, weil ein so minimaler Weltkörper, wie unsere winzige Erde für uns hier naturgemäß weniger in Berücksichtigung kommt, wollen wir doch kurz die Frage streifen, welches die Bedingungen für die Bildung organisierter Materie, also der Entstehung des Lebens, nach unserer heutigen Auffassung sind. Belebte Materie ist zweifellos an die Existenz höchst komplizierter Moleküle, also an die Möglichkeit einer sehr mannigfachen Atomverkettung gebunden. Von den chemischen Elementen, und wir glauben die Eigenschaften aller in Betracht kommenden Elemente hinreichend zu kennen, kommt hier nur der Kohlenstoff und allenfalls der Stickstoff in Frage, welche beiden Elemente im Verein mit Sauerstoff und Wasserstoff ja auch die hauptsächlichsten Bausteine aller irdischen Lebewesen sind. Die sehr kompliziert zusammengesetzten Moleküle, die hier vorkommen, sind aber nur innerhalb eines engen Temperaturbezirks hinreichend reaktionsfähig; schon mäßig erhöhte Temperatur zerstört sie. Wir erkennen also, daß die Bedingungen für die Bildung von Lebewesen ziemlich enge sind und daß nur auf wenigen Planeten und auch hier nur zeitweise diese Vorbedingungen hinreichend erfüllt sein werden. Da wir aber wohl annehmen dürfen, daß, wie die Sonne, so auch die übrigen Fixsterne zahlreiche Planeten besitzen werden, so ist kaum zu bezweifeln, daß innerhalb und außerhalb unseres Milchstraßensystems es eine ungeheure Zahl von Planeten gibt, deren Verhältnisse denen unserer Erde sehr nahe kommen werden. Dem Fluge der Phantasie sind also bezüglich der Entwicklung des Lebens keine Schranken gesetzt, über sonstige Einzelheiten vermögen wir natürlich gar nichts auszusagen. Es gibt allerdings noch ein Element, das chemisch vielfach Ähnlichkeit mit dem Kohlenstoff besitzt, nämlich das Silizium, und man hat wohl auch gelegentlich an die Bildung von Lebewesen auf fernen Planeten gedacht, in denen der Kohlenstoff durch Silizium ersetzt ist. Aber die neueren Forschungen von Prof. Stock am Kaiser-Wilhelm-Institut für Chemie in Dahlem haben gezeigt, daß das Silizium doch nicht entfernt die große Verbindungsfähigkeit besitzt, wie der Kohlenstoff und vor allem durch Wasser leicht in die inaktive Kieselsäure übergeführt wird; die Entwicklung von Siliziumlebewesen muß als ein

Traum bezeichnet werden, wenn auch als ein chemischer Traum. Übrigens brauchen wir gegenwärtig auch nicht mehr zu bezweifeln, daß auf den in Betracht kommenden Planeten des Weltenraumes, ähnlich wie auf der Erde, die zum Aufbau organisierter Materie erforderlichen Elemente meistens vorhanden sein werden.

Wir wenden uns nunmehr der Besprechung der Einsteinschen fundamentalen Beziehung zwischen Materie und Energie zu, von der wir übrigens oben schon Gebrauch gemacht haben, des Inhalts, daß, wenn ein Körper Energie abgibt, er zugleich Masse verliert. Der Massenverlust ist einfach gleich der abgegebenen Energiemenge, dividiert durch das Quadrat der Lichtgeschwindigkeit. Diese Formel gilt allgemein als so sicher, daß wir sie hier als gegeben ansehen wollen. Wie wichtig diese Formel gerade für kosmische Fragen ist, erläutert folgende anschauliche Betrachtung. Unsere Sonne strahlt, seitdem sie sich aus dem Nebel zu einer größeren Dichte kondensiert hat, fortwährend ungeheure Energiemengen aus, deren Betrag wir durch direkte Messungen der Sonnenstrahlen genau ermitteln können, so daß wir mit Sicherheit also ausrechnen können, daß sie jährlich 10^{20} g, d. h. das ungeheure Gewicht von hundert Billionen Tonnen verliert. Nun sahen wir oben, daß die Fixsterne von nahe gleicher Masse sind, d. h. die am Ende ihres Fixsternlebens stehenden Sterne, die schon weit abgekühlten roten Fixsterne, sind im Mittel jedenfalls nicht viel leichter, als die hellweißen Sterne, was beweist, daß der Massenverlust durch Strahlung im Laufe des Fixsternlebens jedenfalls keinen sehr erheblichen Bruchteil ihrer Gesamtmasse betragen kann. Würde die Sonne z. B. 10^{13}, d. h. zehn Billionen Jahre, wie heute gestrahlt haben, so würde heute nichts mehr von ihr übrig geblieben sein. Also muß ihre Lebensdauer sehr erheblich kleiner gewesen sein, zumal wenn man bedenkt, daß sie in früherer Zeit, als sie noch

ein hellerer Stern war, viel mehr Wärme ausgestrahlt hat.
Wir erhalten also so eine recht sichere obere Grenze für die
Lebensdauer heller Fixsterne. Da aus Gründen, die ich hier
nicht näher erläutern kann, es unwahrscheinlich ist, daß die
Sonne auch nur ein Hundertstel ihres Betrages an Masse durch
Strahlung eingebüßt hat, so können wir ihre Lebensdauer,
und damit die der heißen Fixsterne überhaupt, auf höchstens
100 000 Millionen ($= 10^{11}$) Jahre schätzen.

Aber noch zu einer weiteren, ungleich wichtigeren Betrachtung gibt uns Einsteins Beziehung Anlaß. Wenn fest-
steht, daß ein Teil der wägbaren Masse auf Energieinhalt zu-
rückzuführen ist, so liegt die Schlußfolgerung nahe, daß das
Wesen der Masse lediglich durch Energieanhäufung bedingt
ist. Wir wissen seit einigen Jahren, daß in den Atomen ge-
waltige Energiemengen in Gestalt von sogenannter Nullpunktsenergie aufgehäuft sind; beim radioaktiven Zerfall
wird z. B. ein, allerdings nur kleiner, Bruchteil dieser Energiemengen frei. So erscheinen uns denn die Atome der verschiedenen Elemente lediglich als Energieaufhäufungen, und zwar
als solche von ganz ungeheuren Beträgen. Der radioaktive
Abbau scheint von diesem Gesichtspunkte aus nur als eine
der Möglichkeiten, aus der Materie ungeheure Energiemengen
zu gewinnen. Eine technische Ausnützung dieser Energiebeträge erscheint im Prinzip nicht unmöglich. Ja, wenn auch
im allerkleinsten Maßstabe scheint Rutherford kürzlich
derartige Energiemengen gewonnen zu haben, als er den
Stickstoff durch radioaktive Strahlung aufspaltete. Man hüte
sich aber vor der Illusion, als ob die technische Gewinnung der
hier vorhandenen Energiemengen in greifbare Nähe gerückt
sei, wodurch die Steinkohle entwertet würde; man kann aber
andererseits nicht in Abrede stellen, daß hier eins der größten
technischen Probleme vorliegt.

Um die Realität dieser Fragen möglichst anschaulich zu

machen, wollen wir uns auf einen experimentell gesicherten Boden begeben. Denken wir an eine Ader von Uranpecherz, von dem wir sicher wissen, daß das darin befindliche Uran in verschiedenen Zwischenstufen unter ungeheurer Energieabgabe, gegen die die Energieentwicklung unserer mächtigsten Sprengstoffe eine wahrhafte Kleinigkeit ist, in Blei sich umzulagern vermag, und stellen wir uns vor, daß diese Umlagerung anstatt in tausenden von Jahrmillionen, der bei gewöhnlichen Temperaturen bestimmten Zerfallszeit, momentan sich abspielt. Eine Explosion, deren Mächtigkeit jede Vorstellung übersteigt, wäre die unmittelbare Folge, zumal wahrscheinlich durch einen derartigen Initialstoß auch die übrige Materie des Planeten zum guten Teile zur Umlagerung gebracht werden würde. Es läßt sich, wie ich glaube ziemlich sicher berechnen zu können, diese Umlagerung erzielen, wenn man das Uranpecherz ähnlich wie Schießpulver, mit einem Streichholze anzünden würde, allerdings nicht mit einem gewöhnlichen Streichholz, dessen Flammentemperatur etwa nur 1500 Grad beträgt, sondern mit einem Streichholze, dessen Temperatur etwa zehntausendmillionen Grad betragen müßte. Derartige Temperaturen können wir aber nicht realisieren und wahrscheinlich treten sie nirgends im Weltenraume auf. Wie Uran verhalten sich aber wohl alle oder fast alle Elemente. Und um schließlich die besprochene, höchst sonderbare Eigenschaft der Materie drastisch zu illustrieren, können wir die Existenz der Menschheit etwa mit derjenigen eines Naturvolkes vergleichen, das eine wesentlich aus Schießbaumwolle bestehende Insel bewohnt und das nicht im Besitze des Feuers ist. Die Kolonie wäre geliefert in dem Augenblicke, in welchem Prometheus einem ihrer Insassen den Feuerbrand in die Hand drückte.

Die Ausführungen der letzten Viertelstunde dürften gezeigt haben, daß wir gegenwärtig an die Behandlung kosmischer

Probleme mit anderen Hilfsmitteln herangehen können, als es z. B. noch Helmholtz möglich war. Nun wollen wir den Einfluß der soeben besprochenen neueren Errungenschaften auf die Erforschung des Fixsternhimmels betrachten.

Hier ist in erster Linie eine geistreiche Theorie zu nennen, die 1916 von dem englischen Astronomen Eddington aufgestellt wurde und den schon erwähnten merkwürdigen Umstand, daß die Fixsterne von nahezu gleicher Masse sind, wie es scheint, sehr glücklich zu deuten weiß. Ein heißer Fixstern kann als Gaskugel betrachtet werden; der Gasdruck wirkt natürlich der durch die Gravitation bedingten allmählichen Kontraktion entgegen. Als ein weiteres, der Gravitation entgegenwirkendes Moment tritt, und das ist das wesentlich neue dieser Theorie, der Lichtdruck auf, der von dem sehr viel heißeren Innern ausgeht und die vom Mittelpunkte weiter entfernten Schichten nach bekannten Gesetzen abstößt. Die Rechnung lehrt, daß diese letztere abstoßende Wirkung bei sehr großen Sternen im Verein mit dem Gasdruck die Attraktion überwiegen würde, so daß der Stern in dieser Größe gar nicht mehr existieren kann. Und das überraschende Ergebnis von Eddingtons Theorie besteht darin, daß Sterne von der Masse erheblich über 10^{34} g nicht mehr bestehen können im Einklange mit den astronomischen Erfahrungen.

Unter den Annahmen, die Eddington machen mußte, spielt die Größe des Gasdruckes, d. h. das mittlere Molekulargewicht der Sternsubstanz, eine Rolle. Als Hauptmasse nimmt Eddington Eisendampf an, d. h. ein mittleres Molekulargewicht von 56; nun liefert aber Eisendampf bei den im Innern der Sterne herrschenden hohen Temperaturen zahlreiche freie Elektronen, wodurch das Molekulargewicht stark verringert werden muß; Eddington rechnete auf gut Glück mit dem mittleren Molekulargewicht von 2,8. Nun können

wir aber heute mit Hilfe der neueren Thermodynamik die
Abspaltung von Elektronen seitens des Eisendampfes ziemlich sicher berechnen; Herr Dr. Eggert[1]) führte auf meinen
Vorschlag die betreffende Rechnung durch und gelangte nach
sorgfältiger Diskussion der obwaltenden Verhältnisse zu einem
mittleren Molekulargewichte von 3,2, was eine sehr gute Bestätigung der Annahme von Eddington bedeutete. Hierdurch gewinnt seine Theorie offenbar nicht unerheblich
an Sicherheit. Sehr wichtig ist, daß Eddington auch
Druck und Temperatur für das Innere des Fixsterns berechnen konnte, worüber wir bisher so gut wie gar nichts wußten;
durch Untersuchung der Lichtstrahlung der Sterne finden
wir natürlich nur die Außentemperatur, die für die Sonne
z. B. 6000 Grad beträgt, bei den weißen Sternen aber erheblich über 12 000 Grad ansteigen kann. Im Innern, d. h. in der
Umgebung des Mittelpunktes, ergeben sich Temperatur und
Druck ziemlich konstant, nämlich zu einigen Millionen Grad,
bzw. einigen Millionen Atmosphären.

Kleinere Sterne sind natürlich an sich existenzfähig; wenn
wir aber annehmen, daß an Masse bei der Sternbildung kein
Mangel geherrscht hat, so würden sich hauptsächlich gerade
Sterne von nahe maximaler Größe bilden, wie man sie
auch großenteils am Himmel vorfindet.

Ein auf ganz anderem Gebiet liegender Fortschritt besteht
in einer, wie wir wohl sagen können, ungeahnt sicheren Methode der Bestimmung des Alters der Erde, ein Ergebnis,
das auch für die Beurteilung des Alters der Fixsterne von
hoher Bedeutung ist. Unter dem Alter der Erde ist dabei
diejenige Zeit zu verstehen, die verflossen ist, seitdem unser
Planet aus einem glühenden Auswurf der Sonne sich in einen
Himmelskörper mit fester Erdrinde verwandelt hat. Die hier

---

[1]) Physik. Zeitschrift 1919, S. 570.

benutzte Methode, die auf einer Anwendung der Erfahrungen auf radioaktivem Gebiet beruht, läßt zugleich an Originalität wohl nichts zu wünschen übrig.

Ein radioaktives Element zersetzt sich nämlich mit konstanter Geschwindigkeit, unabhängig von der Temperatur, unabhängig, ob das betreffende Element im freien Zustande oder in einer chemischen Verbindung vorhanden ist. Dies haben nicht nur zahlreiche Versuche ergeben, sondern auch theoretisch ist dies Verhalten aufs beste begründet. Der radioaktive Zerfall findet nämlich im Innern des Atomkerns statt, dessen Zustand durch die erwähnten Begleitumstände nach den Prinzipien der modernen Quantentheorie in keiner Weise merkbar beeinflußt werden kann. Erst bei extrem hohen Temperaturen, wie sie nach den früheren Betrachtungen im Kosmos ausgeschlossen erscheinen, ist eine Beeinflussung der Zerfallsgeschwindigkeit des Atoms zu erwarten; innerhalb des hier in Frage kommenden Temperaturgebietes ist letztere mit vollster Sicherheit als genau konstant zu betrachten.

Uran also, um das wichtigste Ausgangsprodukt des radioaktiven Abbaues zu betrachten, zerfällt mit völlig konstanter Geschwindigkeit, der Fortschritt seiner Spaltung in andere Elemente ist wie der Zeiger eines mit der allergrößten Präzision ablaufenden Chronometers. Und natürlich hat diese Uhr den Vorteil, daß sie nicht aufgezogen zu werden braucht; das radioaktive Element trägt soviel Energie in sich, daß die Uhr bis zum völligen Aufbrauch des radioaktiven Elementes abläuft. Und um den beschriebenen Zeitmesser geradezu zu einer idealen Vollkommenheit auszugestalten, ist er zugleich mit einer Registriervorrichtung versehen; denn die Zersetzungsprodukte des radioaktiven Zerfalls häufen sich natürlich im gleichen Maße an, wie das Element sich zersetzt. Primär entsteht Helium, ein flüchtiges Gas; wenn es sich aber um einen schönen, dichten Kristall aus Uranerz handelt, so wird das Helium, wenigstens zum guten Teile, im Innern des Kristalls eingeschlossen verbleiben. Da man durch elektrische Messungen die Geschwindigkeit der Heliumbildung, die mit der Intensität der radioaktiven Strahlung identisch ist, äußerst genau messen, also auch angeben kann, wieviel Helium pro Jahr von einem Kilo Uran entwickelt wird, so gibt die von einem Stück Uranerz eingeschlossene Heliummenge unmittelbar die Zeit an, wie lange der Kristall als solcher unverändert gelegen hat.

Immerhin ist im Laufe der Jahrmillionen mit einem gewissen Verlust an Helium zu rechnen, so daß die Heliumbestimmung nur Minimalwerte des Alters des festen Erzes liefert. Sicherer arbeitet daher die Bleimethode; das Ende des radioaktiven Zerfalls des Urans ist nämlich das Blei und dieses, eingelagert in den festen Kristall, kann gewiß nicht entweichen.

Nun könnte man einwenden, das Blei, das man im Uranerz findet, stamme vielleicht nur zum Teil aus dem radioaktiven Zerfall, es könnte ja durch geologische Prozesse dem Erze irgendwie beigemengt worden sein (Helium im Gegenteil kann von dem erstarrenden Uranerz nicht eingeschlossen werden). Aber als ob die Natur hier uns eine unvergleichlich wichtige Feststellung mit vollster Zuverlässigkeit hätte bescheren wollen, kann auch diesem Einwande begegnet werden; das radioaktiv entstandene Uranblei, obgleich chemisch reinstes Blei, besitzt ein von dem gewöhnlichen Blei merklich verschiedenes Äquivalentgewicht, es ist ein Isotop des Bleis; mit anderen Worten, zufällige, ursprüngliche Beimengungen von gewöhnlichem Blei zum Erze lassen sich scharf von dem radioaktiv entstandenen Blei unterscheiden, die Uranuhr gibt hier untrügliche Angaben.

Bleianalysen von Uranerzen sind des großen, damit verknüpften Interesses wegen von den verschiedensten Forschern ausgeführt. Es finden sich Uranerze mit relativ wenig Uranblei, die, wie die Berechnung lehrt, nur kurze Zeit, nämlich nur einige hundert Millionen Jahre, alt sind, d. h. vor dieser Zeit aus irgendeinem feuerflüssigen Schmelzfluß sich abgeschieden haben, möglicherweise bei Gelegenheit irgendeines vulkanischen Ausbruches. Aber es gibt auch eine Anzahl Uranerze verschiedenen Fundortes, die eine bestimmte Maximalmenge an Uranblei enthalten, nämlich etwa 20%, einem Alter von 1500 Millionen Jahren entsprechend, und diese Zahl dürfte sehr nahe mit dem Zeitpunkte der Bildung einer festen Erdkruste zusammenfallen; vielleicht daß diese Bildung noch etwas früher stattgefunden hat.

So interessant diese Feststellung für die Geschichte unserer Erde ist, wichtiger ist für uns hier der Rückschluß auf das Alter der Sonne. Als die Erde erstarrte, muß die Sonne offenbar sich schon weitgehend kontrahiert haben, aus einem Nebelstern von riesiger Ausdehnung war sie bereits zu einem relativ dichteren Sterne geworden. Das Alter der Sonne als eines dichteren Sternes muß also mindestens ebenfalls 1500 Millionen Jahre betragen, wahrscheinlich aber erheblich größer sein. Verglichen mit unserer oben gemachten Bemerkung, wonach das Alter der Fixsterne kaum mehr als hunderttausend Millionen Jahre betragen kann, kann das jetzige Ergebnis, wonach es erheblich über tausend Millionen Jahre liegen muß, als eine recht sichere Einengung des Alters der Fixsterne angesehen werden. Bis auf weiteres werden wir also die Lebensdauer der leuchtenden Sonnen auf etwa zehntausend Millionen Jahre schätzen können.

Das außerordentlich bedeutsame Resultat, wonach die Lebensdauer strahlender Sonnen mindestens nach tausenden bis zehntausenden von Jahrmillionen zählt, bringt nun aber die kosmische Forschung in eine neue Schwierigkeit, die auch gerade in der jüngsten Zeit von verschiedenen Astronomen betont wurde. Man kann nämlich aus der genau bekannten Kraftwirkung der Gravitation die Wärmemenge berechnen, die bei der Bildung eines Fixsternes aus der Nebelmasse entwickelt wird und welche die Wärmestrahlung der Fixsterne bestreiten soll. Diese Wärmemenge ergibt sich aber nun außerordentlich viel kleiner, als erforderlich; anstatt von vielen tausenden von Jahrmillionen vermag sie, wie schon Helmholtz zeigen konnte, die Wärmestrahlung eines Fixsternes in dem uns bekannten Betrage höchstens auf wenige Dutzend von Jahrmillionen zu unterhalten. Die Kant - Laplacesche Theorie läßt uns hier völlig im Stich. Es muß notwendig außer der Massenanziehung noch eine andere, ungleich mächtigere Energiequelle vorhanden gewesen sein, um die hohe Lebensdauer der leuchtenden Sonnen zu ermöglichen. Es lag nun die Annahme nahe, daß die radioaktiven Prozesse die erforderliche Energie lieferten; nehmen wir aber von den bekannten Radioelementen den günstigsten Fall, denken wir uns, daß reiner Uranstaub zur Bildung der Fixsterne im Sinne von Kant - Laplace benutzt wurde, so lehrt die Rechnung, daß auch dann nur ein mäßiger Bruchteil der während des Fixsternlebens ausgestrahlten Wärmemenge gedeckt wird. Immerhin würde die Kluft zwischen Rechnung und Erfahrung durch eine derartige Annahme wenigstens zum Teil geschlossen. Die Voraussetzung aber, daß der Kant - Laplacesche Urnebel fast ausschließlich aus radioaktiven Elementen bestehen soll, erscheint zunächst derartig phantastisch, daß man ohne nähere Begründung sich kaum zu ihr bekennen wird.

Durch meine bisherigen Ausführungen glaube ich ein Bild der gegenwärtigen Auffassungen des Weltgebäudes gegeben zu haben; im großen und ganzen hat uns sicherlich die weitere Ausgestaltung der Theorie von Kant - La-

place gewaltig gefördert, und die messende Astronomie der
neueren Zeit hat uns ein imposantes Tatsachenmaterial über
Natur und Eigenschaften einer großen Zahl von Fixsternen,
sowohl den großen Nebelsternen, als auch ihrem späteren Produkt, den Zwergsternen, den eigentlichen Sonnen, erbracht.
Aber es klaffen noch bedenkliche Lücken, die uns hindern,
von einem harmonischen Weltbilde sprechen zu dürfen. Der
Wärmetod mit allen seinen Konsequenzen ist gewiß logisch
im höchsten Maße unbefriedigend und wohl auch sehr unwahrscheinlich; auch das Eingeständnis, daß wir nicht wissen,
woher die Sonnenenergie eigentlich stammt, bedeutet eine
sehr empfindliche Unsicherheit.

Die wenigen Minuten, für die ich mir Ihre freundliche Aufmerksamkeit noch erbitte, möchte ich der kurzen Beschrei-
bung eines Versuches widmen, durch eine einzige, zur Zeit
allerdings noch hypothetische Annahme die vorhandenen
Schwierigkeiten, wie ich glaube, sämtlich und einfach zu
beseitigen. Ich habe diesen Erklärungsversuch gelegentlich
eines allgemeinen Vortrages auf der Naturforscherversammlung in Münster entwickelt, damals freilich nur ganz nebenbei (vgl. S. 4); hier wollen wir etwas näher darauf ein-
gehen.

Wir erkannten oben, daß der sogenannte Wärmetod der
Materie im letzten Ende auf eine Verflüchtigung von Materie
im Weltenraume zurückgeführt werden kann, indem die
Wärmestrahlung in den Lichtäther des Weltalls wandert.
Vielleicht ist Ihnen bekannt, daß gegenwärtig die Existenz
des Lichtäthers vielfach in Frage gestellt wird, und wenn auch
zugegeben werden muß, daß große Erscheinungskomplexe
sich ohne Benutzung der Lichtätherhypothese behandeln
lassen, so steht doch andererseits fest, daß für viele Vorgänge,
z. B. um die Konstanz der Lichtgeschwindigkeit zu erklären,
die Hypothese eines unwägbaren Zwischenmediums nicht

entbehrt werden kann. Jedenfalls befinde ich mich in der Gesellschaft vieler ausgezeichneter Physiker, wenn ich an der Existenz des Lichtäthers unbedingt festhalte. Nun lehren die modernen Atomtheorien, daß auch beim absoluten Nullpunkt noch lebhafte Bewegungen im Innern des Atoms stattfinden, daß also ein Teil ihrer Masse auf Energieinhalt, wie wir sagen, auf Nullpunktsenergie beruhe. Unter diesen Umständen ist natürlich die einfachste Annahme die, daß die gesamte Materie aus Nullpunktsenergie besteht. Zieht man die weitere Konsequenz, daß diese Energie im Gleichgewicht mit der Energie des Lichtäthers sich befindet, so läßt sich zeigen, daß der Gehalt des Lichtäthers an Energie ganz ungeheure Beträge besitzen muß. Wir können nun die Hypothese aufstellen, daß im Weltenraume durch gelegentliche Schwankungen des Energieinhalts des Lichtäthers Atome chemischer Elemente sich bilden können und müssen dann natürlich auch umgekehrt annehmen, daß in einer Fortsetzung des sogenannten radioaktiven Abbaus die Atome der chemischen Elemente, insbesondere die Endprodukte des radioaktiven Abbaus, Helium- und Wasserstoffatome, wieder in die Nullpunktsenergie des Lichtäthers sich zurückverwandeln können. So hätten wir denn also im Weltall ein fortwährendes Kommen und Gehen der Materie anzunehmen.

Fragen wir uns zunächst, ob wir dann nicht die Bildung von Atomen chemischer Elemente direkt beobachten müßten. Die Lebensdauer der meisten Elemente muß sehr viel größer sein, als die Zerfallsdauer des Urans, dessen Umwandlung bis zur Stufe des Bleis experimentell hat verfolgt werden können; also ungeheuer viel größer als tausend Jahrmillionen. Die mittlere Dichtigkeit der Materie in unserem Milchstraßensystem ist so groß, als ob etwa immer in hundert Litern ein Uranatom sich befände. Um die Masse der Welt im Mittel konstant zu erhalten, brauchte sich in dem genannten Raume

noch ganz ungeheuer viel seltener[1]), als einmal in 1000 Jahrmillionen ein Uranatom zu bilden. Wir erkennen also, daß
unsere Annahme mit keiner Erfahrungstatsache in Widerspruch stehen kann.

Was umgekehrt die Rückkehr von Materie in das Äthermeer
anlangt, so beobachten wir dieselbe im Prinzip bei jeder Ausstrahlung von Wärme, freilich hier nur in unwägbaren Mengen. Merklicher ist der Materieschwund bereits bei den radioaktiven Prozessen. Den Hauptverlust an Materie freilich, das
Verschwinden eines Helium- oder Wasserstoffatoms, haben
wir aus den gleichen Gründen experimentell noch nicht fassen
können, aus denen wir auch die Bildung von Atomen noch
nicht direkt haben beobachten können, weil es sich eben in
beiden Fällen um Vorgänge von einer ganz ungeheuren Seltenheit handelt. Daß diese Vorgänge so selten sind, folgt
eben einfach aus der ungeheuer langen Lebensdauer der Materie, wenigstens ihrem Hauptbestandteile nach, und zwar
ist uns diese ungeheure Lebensdauer durch zwei völlig verschiedene Erfahrungstatsachen verbürgt: einmal durch die
ungeheure Langsamkeit des radioaktiven Zerfalls der meisten
Elemente, sodann auch durch die ungeheuer große Lebensdauer der Fixsterne.

Bezüglich der Art der Atome, die direkt durch die Nullpunktsenergie des Lichtäthers gebildet werden, wollen wir
noch unsere Annahme dahin spezialisieren, daß fast oder ganz
ausschließlich sich Elemente von sehr hoher Ordnungszahl,
also Elemente, die oberhalb des Urans in der Reihe der Elemente stehen, zugleich also sehr stark radioaktive Elemente,
bilden, die in zahlreichen Stufen, also unter viel größerer

---

[1]) Noch ungeheuer viel seltener, weil erstens die mittlere Massen-
dichtigkeit des Weltalls offenbar viel kleiner ist, als die des Milchstraßensystems und zweitens die Lebensdauer der Materie im Mittel
viel größer ist, als die des als Beispiel gewählten Urans.

Wärmeentwicklung, als beim Uran gemessen, radioaktiv zerfallen.

In der Tat läßt sich nunmehr leicht zeigen, daß wir mit unserer, allerdings hypothetischen Annahme, wie ich nicht oft genug wieder betonen kann, die Bildung der Fixsterne, ihr ungeheuer langes Leuchten und schließlich ihre fortwährende Neubildung in einfacher und anschaulicher Weise erklären können; wenden wir zu diesem Zwecke unsere Annahme auf die Weltentheorie von Kant-Laplace an.

Die im Weltenraume, wenn auch ganz vereinzelt, neugebildeten Atome von Elementen sehr hoher Ordnungszahl vereinigen sich zunächst zu riesig ausgedehnten kalten Nebelsternen, deren schwaches Leuchten durch radioaktive Ausstrahlung hervorgerufen wird. Bei ihrer stärkeren Verdichtung entsteht hohe Temperatur, die zu gewöhnlicher Lichtstrahlung führt. Durch weiteres Zusammenballen bilden sich dann die heißen, sogenannten Zwergsterne, d. h. die sonnenartigen Weltkörper. Diese Sonnen besitzen nun aber zunächst noch einen gewaltigen Vorrat an radioaktiven Stoffen, und dieser ist es, der ihre hohe Temperatur und damit ihre lange Wärmestrahlung solange aufrecht erhält. Dann aber erschöpft sich dieser Vorrat allmählich, die sehr lange Zeit ungefähr konstant gebliebene Temperatur beginnt zu sinken, verhältnismäßig rasch geht der weiße Fixstern in einen gelben und dann rötlichen Stern über, um schließlich zu erkalten. Der erkaltete Stern zerfällt nunmehr mit großer Langsamkeit weiterhin radioaktiv und verschwindet so, allerdings erst in ungeheuren Zeiträumen, wie vorher auseinandergesetzt, gänzlich von der Bildfläche. Inzwischen bilden sich im Mittel etwa in der gleichen Anzahl aus den neu entstandenen radioaktiven Atomen neue Sterne. Wenn der radioaktive Abbau, wie bei der Sonne der Fall, im wesentlichen erschöpft ist, müssen die gewöhnlichen chemischen Elemente stets in einem ungefähr konstanten Mengenverhältnis vorhanden sein, d. h. die im späteren Stadium befindlichen Sterne müssen nahezu gleiche chemische Zusammensetzung besitzen, wie es oben bereits als wahrscheinlich erkannt wurde.

Diese Darlegungen können wir auch insofern an der Beobachtung prüfen, als unsere Auffassung zu der sehr einfachen Konsequenz führt, daß diejenigen Sternzustände am häufigsten am Himmel vorkommen müssen, welche die längste Lebensdauer besitzen. Nach unseren Betrachtungen sind dies einerseits die hellsten Sterne, die nahe dem Maximum ihrer Entwicklung sich befinden, andererseits die gänzlich oder fast gänzlich erloschenen Sterne. In der Tat trifft dies für die erste Kategorie in auffälliger Weise zu; für die zweite Kategorie können wir den Schluß nicht sicher prüfen, weil wir diese Sterne ja nicht sehen können, doch wird gegenwärtig auf Grund von indirekten Schlüssen mehrfach von astronomischer Seite die Vermutung geäußert, daß die Gesamtmasse der erloschenen, d. h. schwach glühenden, Sterne (einschließlich Meteoriten und dunkler Weltenstaub), nicht unbeträchtlich im Vergleiche zu der Masse leuchtender Sterne sein könnte.

Sollten die Meteorite (wenigstens zum Teile) etwa aus Trümmern erloschener Sterne stammen, so müßten sie uns ein späteres Stadium des Abbaues der chemischen Elemente darstellen, als wir es auf der Erde beobachten können, die nach den obigen Betrachtungen uns die Materie ungefähr im gleichen Zustande vorweisen muß, wie er auf der Sonne vorhanden ist (die weißen Fixsterne und besonders die Nebelsterne müßten sich in einem früheren Stadium befinden, d. h. noch höheratomige Elemente enthalten, als sie uns bekannt sind). Es ist nun gewiß auffallend und scheint gründlicher Durchforschung wert, daß in den Meteoriten die Elemente mit höherem Atomgewicht zu fehlen scheinen (vgl. Anhang).

Kant und Laplace arbeiteten lediglich mit der Gravitation als maßgebender Kraftwirkung bei der Bildung des Sonnensystems. Wir müssen jetzt vermuten, daß, zumal bei der anfänglichen Bildung der Fixsterne, infolge der mit starker Elektrisierung verbundenen radioaktiven Wirkungen auch Kräfte elektrischen Ursprungs vorübergehend eine hervorragende Rolle gespielt haben. Da sich in der Tat gezeigt hat, daß man mit der Newtonschen Attraktion zur Erklärung der Planetenbildung nach Laplace nicht auskommt, so sind für die künftige Entwicklung der Theorie neue Gesichtspunkte gegeben. Insbesondere hängt damit vielleicht die merkwürdige Bildung und das merkwürdige Verschwinden neuer Sterne zusammen, was, wie Guthnick in seiner soeben erschienenen „Physik der Fixsterne" ausführt, so regelmäßig auftritt, daß die betreffenden Vorgänge zur normalen Entwicklung der Sterne zu gehören scheinen.

Schließlich möchte ich noch einen Punkt erwähnen, auf den der Physiker Prof. Seeliger, ein Sohn des früher erwähnten Astronomen, mich vor einiger Zeit aufmerksam machte. Es sei nämlich eine Stütze der obigen Auffassung der Entstehung radioaktiver Atome im Weltenraume vielleicht darin zu erblicken, daß der Weltenraum mit einer radioaktiven Strahlung, und zwar einer äußerst harten sogenannten Gammastrahlung, wie sie keinem uns bekannten Elemente zukomme, erfüllt sei. Die Untersuchungen von Hess, Seeliger und Swinne lehren, daß diese merkwürdige Strahlung jedenfalls nicht von Erde, Sonne oder Mond ausgesandt wird; es ist aber noch nicht sicher, ob sie ihren Sitz nicht etwa doch anstatt im Weltenraume in den obersten Schichten unserer Atmosphäre haben könnte. Die Entscheidung der Frage, ein wie großer Betrag der gemessenen Strahlung etwa doch kosmischer Herkunft ist, würde uns zu einer wichtigen Basis für weitere astrophysikalische Rechnungen dienen können.

Jedenfalls beseitigt unsere Auffassung sowohl den Wärmetod, als auch das Absterben der Materie. Unser Auge braucht in ferner Zukunft nicht mehr die Welt als grausigen Kirchhof, sondern fortdauernd erfüllt von einem Kommen und Gehen helleuchtender Sterne zu erblicken. Das heilige Sonnenfeuer, hier und dort allerdings erloschen, flammt an ebenso vielen Stellen mit erneuter jugendlicher Kraft wieder auf. Die Materie der Welt kann sich nicht mehr völlig in Helium umlagern. Schließlich kann sich die Materie nicht irgendwo zu einem Riesenklumpen im Laufe der Zeit zusammenballen — ich erinnere an das früher angedeutete kosmische Problem —, wenn sie immer neu mit etwa gleicher Dichte im Weltenraume sich bildet.

Kosmische Physik ist nicht gewöhnliche Physik; was hier als unbewiesene Spekulation zu mißbilligen ist, kann dort zu einer Denknotwendigkeit werden, die mit unaufhaltsamer Kraft sich der Forschung aufdrängt. Und so sahen wir uns denn auch gezwungen, eine unbewiesene, aber kaum mehr unwahrscheinliche Vermutung bei unseren Betrachtungen heranzuziehen, wie übrigens auch Kant[1]) in der Einleitung zu seiner Theorie des Himmels folgendermaßen spricht: „Die größte geometrische Schärfe und mathematische Unfehlbarkeit kann niemals von einer Abhandlung dieser Art verlangt werden. Wenn das System auf Analogien und Übereinstimmungen nach den Regeln der Glaubwürdigkeit und einer richtigen Denkungsart begründet ist, so hat es allen Forderungen seines Objektes genug getan."

Kant sagte ferner: „Gebt mir Materie, ich will euch eine Welt daraus bauen." Mag sein, aber sicherlich würde diese Welt nicht die unsrige werden. Näher der Wahrheit kommen wir vielleicht, wenn wir sagen: „Gebt mir Materie sehr hoch-

---

[1]) Vgl. besonders hierzu die von H. Ebert besorgte Neuausgabe der „Theorie des Himmels". Klassiker d. Naturw., Leipzig b. Engelmann.

atomiger, radioaktiver Elemente", dann gewinnen wir erst die ungeheuren Energiemengen, die das Weltall durchfluten und deren Erklärung uns Kant und Laplace noch schuldig blieben. Und fügen wir noch hinzu: „Gebt uns die Nullpunktsenergie des Lichtäthers", so sehen wir in unserem Geiste das Geschehen des Weltalls gesichert von Ewigkeit zu Ewigkeit.

Ergänzungen.

S. 12. Temperatur des Weltenraumes. Die Temperatur des Weltenraumes (Lichtäthers) ist folgendermaßen zu definieren. Man denke sich in einem beliebigen Punkte irgendein Stäubchen eines schwarzen Körpers, d. h. eines solchen, der alle auffallende Strahlung absorbiert, befindlich. Dasselbe wird sich dann infolge der überall vorhandenen Strahlung auf eine bestimmte Temperatur, eben die Temperatur des Weltenraums an dem betreffenden Orte, einstellen, indem es im Temperaturgleichgewicht ebensoviel Strahlung absorbiert, wie es infolge seiner Eigentemperatur ausstrahlt. Es herrscht nirgends darüber Zweifel, daß bei hinreichender Entfernung von irgendwelchen warmen Himmelskörpern diese Temperatur ungeheuer tief liegt, praktisch wohl kaum vom absoluten Nullpunkte sich entfernt.

Dies Resultat ist zunächst offenbar im höchsten Maße befremdend; denn wenn wir an der Auffassung festhalten, daß der Kosmos in einem stationären Zustande sich befindet, so müßte nach allen unseren sonstigen Erfahrungen die Temperatur des Weltenraumes im Gegenteil ziemlich hoch sein. Denn die Temperatur der Massenansammlungen im Weltenraume, in erster Linie also der Fixsterne, ist sehr hoch, auch die sogenannten „dunklen Sterne" werden sämtlich weit über Rotglut sich befinden. Im Laufe einer unbegrenzten Zeit, wie wir sie im Sinne des „stationären Zustandes" des Kosmos voraussetzen dürfen, müßte sich durch Strahlung im Weltenraume eine Art Mitteltemperatur (also wohl einige tausend Grad) hergestellt haben, was aber ganz gewiß nicht der Fall ist.

Nun könnte man natürlich einen Ausweg darin suchen, daß man im Weltenraume, vielleicht in Form von kosmischem Staub, sich ungeheure Massen von sehr tiefer Temperatur verteilt denkt, die dann allerdings jene Mitteltemperatur beliebig stark herabdrücken könnten. Ich glaube kaum, daß man auf Grund unserer bisherigen astronomischen Kenntnisse diesen Ausweg wird einschlagen wollen.

Erheblich plausibler scheint mir daher folgende Annahme. Der Lichtäther besitzt eine, wenn auch äußerst kleine Absorptionsfähigkeit für Wärmestrahlung[1]). Nach meiner Auffassung hätte man sich diese Absorption so vorzustellen, daß in sehr langen Zeiträumen die gewöhnliche Strahlungsenergie sich in die Nullpunktsenergie des Lichtäthers umlagert. Bei der ungeheuren Kleinheit des hier supponierten Phänomens kommen wir natürlich mit keiner Laboratoriumserfahrung oder astronomischen Messung in Konflikt. Aber wir gewinnen damit die Erkenntnis, daß auch im stationären Zustande die Temperatur des Weltenraumes ungeheuer niedrig sein kann.

Und noch wichtiger ist folgende Konsequenz. Eine Absorption von strahlender Energie seitens des Weltenraumes bedeutet ein Verschwinden von Materie; die Auffassung des „stationären Zustandes" verlangt dann eine Rücklieferung von Materie seitens des Lichtäthers. Und damit ist meine S. 4 bereits besprochene, in diesem Schriftchen überall durchgeführte Hypothese fast zu einem logischen Postulat geworden; natürlich nur „fast", weil immerhin mit der Möglichkeit anderer Deutungen gerechnet werden muß. Es

---

[1]) Damit verbunden wäre dann auch ein, ebenfalls nur sehr kleines Dispersionsvermögen des Lichtäthers, das im Gebiete äußerst kurzer, uns bisher unzugänglicher Wellenlängen vielleicht sogar beträchtlich werden könnte. Denkt man sich, wie ich es in den letzten Auflagen meiner „Theoret. Chemie" immer getan habe, den Lichtäther atomistisch, so wird letztere Konsequenz zu einer Selbstverständlichkeit.

scheinen allerdings nur zwei Möglichkeiten eines anderen Auswegs vorzuliegen, nämlich erstens die oben angedeutete Annahme ganz ungeheurer Massen von tiefster Temperatur, zweitens die Ablehnung der Annahme des „stationären Zustandes" im Kosmos; beides ist wohl gleich unwahrscheinlich.

Man hat wohl auch gelegentlich davon gesprochen, daß es im Kosmos Gegenden gibt, in denen, wie in unserer Milchstraße, die Entropie zunimmt, und solche, in denen sie abnimmt. Damit leugnet man einfach unsere Naturgesetze; mit einer solchen Geschmacksrichtung hat dies Schriftchen nichts zu schaffen.

S. 13. Reversibilität radioaktiver Prozesse. Daß die radioaktiven Prozesse erst bei so extrem hohen Temperaturen, wie sie im Sinne der neueren Anschauungen, besonders auf Grund der Betrachtungen von Eddington, nirgends im Kosmos vorzukommen scheinen, umkehrbar werden, folgt am sichersten durch direkte Anwendung meines Wärmesatzes[1]), dann aber auch auf Grund quantentheoretischer Betrachtungen. Ebenso kann man schließen, daß selbst Temperaturen von Million Grad und erheblich darüber die Geschwindigkeit der radioaktiven Umlagerung noch nicht erheblich beeinflussen. Dies Resultat ist für alle unsere Betrachtungen von größter Wichtigkeit; ohne diesen, wie es scheint, sehr sicheren Untergrund würden sie gänzlich in der Luft schweben.

Es ist eigentlich auffallend, daß man in der Astrophysik den neueren Ausbau der Thermodynamik, wie er auf Grund meines Wärmesatzes erfolgt ist, bisher so wenig benutzt hat; eine Ausnahme macht außer der S. 26 erwähnten Studie von Eggert Dr. Saha in seinen neueren Arbeiten über die Temperatur der Fixsterne (vgl. darüber den zusammenfassenden

---

[1]) Vgl. darüber meine „Grundlagen des neuen Wärmesatzes" (1918 bei Knapp in Halle) S. 183.

Bericht in der Zeitschrift für Physik 6, S. 40, 1921), der durch Benutzung meines Wärmesatzes zu einer Reihe schöner Erfolge geführt wurde.

S. 13. Gravitationsenergie und Wärme. Man könnte denken, daß die Gravitationsenergie sich nicht notwendig in Wärme umzusetzen, also ein Zusammenballen der Materie auch in beliebig langen Zeiträumen sich nicht zu vollziehen brauche. Aber auch in dem denkbar günstigsten Falle, daß nämlich ein Zentralkörper von einem Planeten umkreist wird, der, wie der Mond, immer die gleiche Seite dem Zentralkörper zuwendet, ist zu beachten, daß während des Umlaufes der Zentralkörper selber in seinen verschiedenen Teilen in verschieden starken Schwerefeldern sich befindet. Dies aber bedingt notwendig Kontraktionen und Dilatationen in seinem Innern, d. h. das Auftreten irreversibler Temperaturdifferenzen und somit eine Dämpfung des Systems, was mit einem Übergang von Gravitationsenergie in Wärme identisch ist. Nur beim absoluten Nullpunkt würde im Sinne des neuen Wärmesatzes diese Dämpfung verschwinden; in Wirklichkeit muß sie also stets vorhanden sein. Bewegt sich, was allein praktisch möglich ist, der Planet nicht genau in einer Kreisbahn, so kommt natürlich auch letzterer in verschiedene Schwerefelder und die Größe der Dämpfung nimmt zu.

Es ist ferner noch zu beachten, daß, wenn wir die beiden betrachteten Weltkörper als gleich temperiert annnehmen, im Sinne des neuen Wärmesatzes notwendig die spezifische Wärme der Materie mit der Intensität des Schwerefeldes sich ändert (vgl. Wärmesatz S. 182); dies bedingt aber ebenfalls Temperaturänderungen mit ihrem irreversiblen, also dämpfend wirkenden Temperaturausgleich. Wenn die beiden Weltkörper verschiedene Temperatur besitzen, so läßt sich gegenwärtig wohl nur behaupten, daß auch dann die analogen Wirkungen auftreten müssen, übrigens noch insofern ver-

stärkt, als mit allmähligem Temperaturausgleich die abstoßende Kraft des Lichtdruckes sich vermindert, also die
Weltkörper einander sich nähern müssen.

Im Falle sehr vieler Weltkörper vergrößert sich natürlich die
oben besprochene Dämpfung des Systems. — Das Bestreben
der Materie, sich zu immer größeren Klumpen zusammen-
zuballen, kann also nicht bezweifelt werden; eine kosmische
Theorie, die allgemein sein will, dazu gleichzeitig von der
Hypothese des „stationären Zustandes" ausgeht, d. h. eine
völlige Umwandlung des Kosmos im Laufe beliebig großer,
aber endlicher Zeiträume ausschließt — dies ist vielleicht die
anschaulichste Definition des „stationären Zustandes" —
muß also eine Ursache anzugeben wissen, welche für unaus-
gesetzte Dissipation der Materie sorgt. Dieser Forderung ge-
nügt, soviel mir bekannt, bisher nur die in dieser Schrift näher
begründete Theorie.

S. 23. Lebensdauer der Fixsterne. Die in dem Vortrag a. a. O. gemachten kurzen Bemerkungen habe ich bei
späteren Gelegenheiten weiter ausgeführt; des großen allgemeinen Interesses willen, das die Frage nach dem Alter der
Sonne in mehrfacher Hinsicht bietet, wollen wir uns hier
noch etwas ausführlicher mit diesem Gegenstande be-
schäftigen.

Was zunächst die untere Grenze anlangt, die durch das
Alter der Erde gegeben ist, so setzen wir dafür, einer Zu-
sammenstellung von Prof. Stefan Meyer[1]) folgend $1{,}5 \cdot 10^9$
Jahre an; dies ist das durch die in reinen Uranmineralien
gefundenen RaG-Mengen gegebene Alter dieser Mineralien.
Die Bestimmungen der von solchen Mineralien eingeschlossenen
Heliummengen führen zu erheblich kleineren Werten, weil,
wie man annimmt, merkliche Mengen dieses Gases durch Diffu-

---

[1]) Neuere Ergebnisse der radioaktiven Forschung. Vorträge des
Vereins zur Verbreitung naturw. Kenntnisse, 58 Heft 7 (Wien 1918).

sion aus dem kristallisierten Erze entwichen sind. Es wäre aber auch denkbar, daß dieses Heliumdefizit noch eine andere Ursache hat, nämlich eine Verwandlung von Heliumatomen in die Nullpunktsenergie des Lichtäthers, wie wir sie im Sinne unserer Hypothese als in ungeheuren Zeiträumen möglich annehmen müssen; eine weitere Prüfung dieser Erscheinung (die uns auch den auffallend geringen Heliumgehalt der Erde erklären würde) ist natürlich von höchster Wichtigkeit. Wie dem aber auch sei, die RaG-Methode gibt nach unserem gegenwärtigen Wissen vollkommen sichere Resultate, so daß die obige Zahl uns einen zuverlässigen unteren Grenzwert für das Alter der Erde und damit auch der Sonne liefert.

Was die obere Grenze anlangt, so emittiert die Sonne $1{,}20 \cdot 10^{41}$ Erg pro Jahr in Form von Strahlung, was einen Massenverlust von

$$\frac{1{,}20 \cdot 10^{41}}{9 \cdot 10^{20}} = 1{,}33 \cdot 10^{20}\,\text{g pro Jahr} \quad (c^2 = 9 \cdot 10^{20})$$

im Sinne von Einsteins Formel bedeutet. Da die Masse der Sonne $1{,}9 \cdot 10^{33}$ g beträgt, so würde es

$$\frac{1{,}9 \cdot 10^{33}}{1{,}33 \cdot 10^{20}} = 1{,}4 \cdot 10^{13}\ \text{Jahre}$$

dauern, bis die Sonnenmasse sich verflüchtigt hätte, wenn die Strahlung während dieser Zeit konstant geblieben wäre. Da aber die Sonne früher teils wegen ihrer hohen Temperatur, dann aber wegen der viel kleineren Dichte, die sie im früheren Entwicklungsstadium besessen haben muß, sehr viel mehr Energie ausgestrahlt hat, im Mittel, wie durch Vergleich mit weißen und mit Nebelsternen leicht zu schätzen, mehr als zehnmal so viel, so sinkt obiger Zeitraum auf etwa 10^{12} Jahre.

Nun wäre es an sich natürlich denkbar, daß die Sonne früher ein doppelt so schwerer Fixstern war und daß somit die Hälfte ihrer Masse sich verflüchtigt hätte. Doch macht die

Sternstatistik, die bisher keine gesetzmäßige Abnahme der Masse im Laufe der Entwicklung der Sterne hat konstatieren können, einen so gewaltigen Massenschwund unwahrscheinlich. Wir gelangen also zu den beiden, wie wir sagen können, durch ein überaus glückliches Zusammentreffen bereits ziemlich engen Grenzen von 10^9 bis 10^{12} Jahren für das Alter der Sonne.

Dieser Erfolg ermutigt uns, den Versuch zu machen, wie weit sich etwa die beiden Grenzen noch einengen lassen.

Was zunächst die untere Grenze anlangt, so liefert die Analyse von Radiumblei die Zeit, die seit der Kristallisation der betreffenden Mineralien verflossen ist. Es fragt sich, wie lange hat die Erde als feuerflüssiger Ball existieren können, um das gesamte Alter der Erde abschätzen zu können. Diese Zeit ergibt sich als gegen obige Zahlen verschwindend kurz, wenn wir lediglich die Abkühlung durch Wärmeausstrahlung ins Auge fassen und mit irgendeiner plausiblen Annahme über die spezifische Wärme der Erdmasse rechnen; selbst die viel größere Sonne würde bekanntlich nach dieser Rechnung bereits in 10—20 Millionen Jahren erkalten. Derartige Rechnungen können wir aber gegenwärtig nicht mehr als zutreffend ansehen, seitdem der große Einfluß der Wärmeentwicklung durch Radioaktivität klargestellt wurde.

Den Einfluß der radioaktiven Wärmeentwicklung können wir durch folgende Betrachtung abschätzen. Nehmen wir an, daß dieselbe imstande sei, die gegenwärtige Temperatur der Erde aufrecht zu erhalten, indem wir die Energiezufuhr seitens der Sonne vernachlässigen, und berücksichtigen wir, daß nach weiter unten folgenden Betrachtungen die Radioaktivität in früheren Epochen erheblich größer war, etwa 30- bis 50 mal so groß, so würde, da nach dem Boltzmann-Stefanschen Strahlungsgesetz die ausgestrahlte Wärme mit der vierten Potenz der absoluten Temperatur ansteigt, demgemäß die absolute Temperatur der Erdoberfläche sich 2,3- bis 2,7 mal so groß ergeben, als gegenwärtig, also etwa 700° abs. betragen haben. Als die Erdoberfläche glühend war, spielte also für die Wärmeabgabe die Radioaktivität eine mehr nebensächliche Rolle. Diese Überschlagsrechnung lehrt, daß die Zeit, während welcher die Erde auf der Oberfläche feuerflüssig war, jedenfalls erheblich kleiner gewesen sein muß als diejenige, die seit Bildung einer festen Kruste verflossen ist. Auf der anderen Seite ist aber zu berücksichtigen, daß naturgemäß die für letztere Zeit oben angegebene Zahl von $1,5 \cdot 10^9$ Jahren nur eine untere Grenze ist, allerdings wohl eine der Wirklichkeit relativ nahe kommende untere Grenze.

So können wir daher, ohne allzu große Willkür, das Alter der Erde zu 3.10^9 Jahren schätzen; beachten wir ferner, daß die Planeten (bez. Doppelsternbildung) sich wahrscheinlich vollzogen hat, als der betreffende Fixstern noch ein Nebelstern (Riesenstern) war und daß ferner die Entwicklungsperiode des Riesensterns, wofür wir verschiedene durchschlagende Gründe gleich kennen lernen werden, relativ rasch sich vollzog, so kommen wir zu dem Endergebnis, daß auch das Alter der Sonne nur unerheblich mehr als 3.10^9 Jahre betragen kann.

Eine derartig kleine Zahl — klein insofern, als sie der oben angegebenen u n t e r e n Grenze viel näher liegt, als der oberen — wird nun augenfällig durch folgende Betrachtung gestützt. Das Alter der Sonne bedingt ihren Massenschwund durch Ausstrahlung; bei allen uns bekannten radioaktiven Prozessen zählt er bekanntlich nur nach kleinen Bruchteilen von Promillen. Nun können wir gewiß annehmen, daß beim radioaktiven Abbau von Elementen oberhalb des Urans (d. h. von größerer Ordnungszahl als 92) es sich um ungleich mächtigere radioaktive Vorgänge handelt, die notwendig einen größeren Massenschwund bedingen. Trotzdem ist zunächst diejenige Annahme am wahrscheinlichsten, die sich am wenigsten von den uns bekannten Tatsachen entfernt; wenn wir lediglich nach Wahrscheinlichkeitsgründen eine Wahl zu treffen haben, so werden wir versuchen müssen, mit einem Minimum an Energieentwicklung auszukommen, um uns nicht sozusagen unnötig weit von bekannten Erfahrungstatsachen zu entfernen. Somit kommen wir auch an der Hand dieser Betrachtung dazu, bei der Auswahl eines zwischen den oben gefundenen beiden Grenzen gelegenen Wertes der Nachbarschaft der unteren Grenze den Vorzug zu erteilen.

Wir wollen nunmehr dazu übergehen, die Entwicklung eines Fixsterns näher zu betrachten, indem wir im Sinne unserer leitenden Hypothese seine Energieentwicklung als radioaktiven Ursprungs ansehen.

Beachten wir, daß die durch die Arbeit der Attraktion entwickelte Kontraktionsenergie, die man seit Helmholtz als den hauptsächlichsten Faktor ansah, die Wärmestrahlung der Sonne (zumal in früheren Perioden) nur während weniger Millionen Jahre zu bestreiten vermag[1]), erinnern wir uns ferner, daß, selbst wenn man der Sonnenmasse eine unwahrscheinlich hohe spezifische Wärme zuschreibt, in ganz kurzer Zeit eine Erkaltung stattfinden müßte[2]), so kommen wir zu einer überaus einfachen Energiebilanz:

In jedem Augenblick muß die ausgestrahlte Wärme eines Fixsterns gleich der radioaktiv (oder vielleicht auch auf irgendeine andere Weise) entwickelten Wärme sein.

Dieser Satz ist nichts anderes, als das Gesetz von der Er-

---

[1]) Vgl. z. B. Pringsheim, Physik der Sonne, S. 425 (Leipzig 1910 b. Teubner).

[2]) Ebenda S. 423. — Auch die Erhöhung der spezifischen Wärme durch Dissoziation, z. B. Spaltung der Atome in Kern und freie Elektronen, ändert daran nichts Wesentliches.

haltung der Energie, angewandt auf den Fixstern unter Berücksichtigung des Umstandes, daß sowohl Energieinhalt wie Gravitationsenergie in der Energiebilanz des Fixsterns, verglichen mit der im Laufe seines, wie oben festgestellt, sehr langen Lebens ausgestrahlten Energiemenge verschwindend, sogar ganz verschwindend klein sind.

Es ist merkwürdig, daß in der neueren Astrophysik dieser einfache, wie mir scheint unter den soeben angegebenen und, soweit ich sehe, jetzt nirgends mehr bestrittenen Voraussetzungen vollkommen einwandfreie Ansatz nicht gemacht worden ist, zumal derselbe uns, wie sich alsbald zeigen wird, eine ganz neue und überaus weitgehende Unterlage für die Theorie der Entwicklung der Fixsterne liefert.

Bezeichnen wir die pro Sekunde im Innern des Sterns entwickelte Wärmemenge mit U, seinen Radius mit r, die Oberflächentemperatur in absoluter Zählung T (gewöhnlich als „effektive Temperatur" bezeichnet), so wird einfach

$$U = 4 \pi r^2 \sigma T^4, \tag{1}$$

worin σ, die Strahlungskonstante des Boltzmann-Stefanschen Gesetzes, $1{,}40 \cdot 10^{-12}$ beträgt, falls wir mit cm als Längeneinheit und mit der Grammkalorie als Wärmeeinheit rechnen ($1\ \text{g/cal} = 4{,}18 \cdot 10^7$ Erg).

Die mittlere Dichte δ eines Sternes von der Masse M beträgt dann

$$\delta = \frac{M}{\frac{4}{3} \pi r^3}. \tag{2}$$

Auf der rechten Seite der Gleichung (1) finden wir zwei Variable, nämlich r und T; bei bekannter und im Sinne der obigen Betrachtungen als konstant anzusehender Masse können wir dafür die beiden Variablen δ und T einführen, was im allgemeinen anschaulicher sein wird. Eine vollständige Theorie der Entwicklung eines Sternes würde uns natürlich auch lehren, in welcher Beziehung bei gegebener Masse δ und T zueinander stehen. Bekanntlich hat Eddington[1]) eine derartige Theorie zu geben versucht; wir können dieselbe aber in diesem Punkte nicht als zutreffend[2]) ansehen, weil die Gleichung (1), die hier als absolut sicher vorausgesetzt wird, in den Rechnungen von Eddington nicht erfüllt ist. — Übrigens wird der meines Erachtens wichtigste Fortschritt, den die Betrachtungen Eddingtons gebracht haben (vgl. S. 25), daß nämlich infolge der Wirkung des Lichtdrucks, welcher der Gravitation entgegenwirkt, weder Sterne von sehr viel größerer Masse, als sie die Sonne besitzt, bestehen können, noch, ein für unsere Betrachtungen ganz besonders wichtiger Umstand, die Temperatur im Innern eines Sterns jemals sehr erheblich über einige Millionen Grad steigen kann, durch obigen Einwand nicht berührt, wie ja überhaupt die Theorie von Eddington wohl allseitig mit Recht als ein gewaltiger Fortschritt auf astrophysikalischem Gebiet anerkannt wird.

Da also die theoretische Feststellung der Beziehung zwischen δ und T noch aussteht, auch, wenn unsere Auffassung richtig ist, nicht früher wird entwickelt werden können, bis wir über die Natur der maßgebenden radioaktiven Umwandlungen im Innern der Sterne speziellere Auffassungen uns werden bilden können — außer dem Lichtdruck ist wohl noch die Wärmeleitung, die wahrscheinlich sehr hohe Werte im Innern der Sterne annimmt, und vor allem auch das Auftreten elektrostatischer Kräfte, hervorgerufen durch Entmischung der positiven Kerne und der zahlreichen freien negativen Elektronen, zu berücksichtigen —, so sind wir also ge-

---

[1]) Vgl. darüber besonders Astrophys. Journ. 48, S. 205 (1918).

[2]) Ich möchte nicht zu betonen unterlassen, daß bereits Herr Prof. Westphal in einem mündlichen Referate über Eddingtons Arbeit ähnliche Bedenken geäußert hat.

zwungen, rein empirisch, d. h. mit Hilfe der Sternstatistik, die erforderliche Beziehung zwischen δ und T aufzusuchen.

Die genauere Lösung dieser äußerst wichtigen Aufgabe muß ich natürlich den Fachastronomen überlassen; mit Hilfe der von Eddington[1]) gegebenen, zum Teil empirischen, zum Teil theoretischen Tabellen und ferner mit freundlicher Unterstützung der Herren Guthnick und Bernewitz, die mich durch Versorgung mit experimentellem Material zu großem Danke verpflichtet haben, gelange ich zu folgender, ganz provisorischer Tabelle, die sich auf Sterne von Sonnenmasse erstreckt (δ ist bezogen auf Wasser $= 1$, für die Sonne also $1{,}38$):

δ	T	$U \cdot 10^{-41}$
0,001	5000	57,6
0,035	8000	35,6
0,23	9500	29,3
0,33	9500	15,7
0,65	8500	6,42
1,00	7500	2,92
1,38	6300	1,20
1,50	6000	0,91
2,00	4000	0,15

Setzen wir für die Sonne den direkt gefundenen Wert

$$U_0 = 1{,}20 \cdot 10^{41} \text{ Erg},$$

so folgt aus den Formeln (1) und (2) leicht ($T_0 = 6300$, $\delta_0 = 1{,}38$):

$$U = U_0 \frac{T^4}{T_0^4} \left(\frac{\delta_0}{\delta}\right)^{\frac{2}{3}},$$

wonach die in der letzten Spalte obiger Tabelle verzeichneten Werte gewonnen sind.

Die Sternstatistik lehrt nach Russel[2]), daß die Riesen-

---

[1]) Monthly Notices of R. A. S., Juni 1917, S. 596.

[2]) Vgl. darüber Eddington, Monthly Notices of R. A. S., Nov 1916, S. 29.

sterne eine von dem Entwicklungsstadium nahe unabhängige Helligkeit und daher auch Wärmestrahlung U besitzen; mit schwacher Extrapolation setzen wir daher als Anfangswert

$$U_1 = 64 \cdot 10^{41} \text{ Erg.}$$

Im Sinne unserer früheren Betrachtungen erklären wir die starke Abnahme von U, die wir erfahrungsgemäß in obiger Tabelle verzeichnet finden, durch den radioaktiven Verbrauch an wirksamer Substanz; mangels näherer Kenntnisse darüber führen wir das bekannte Gesetz des radioaktiven Abfalls ein, das natürlich streng nur für eine einheitliche Substanz gilt, immerhin auch im Falle von radioaktiven Gemischen, wenigstens in großen Zügen, die Erscheinungen wiedergeben wird. Setzen wir die Zerfallszeit (bekanntlich diejenige Zeit, in welcher die Hälfte der radioaktiven Substanz sich umgelagert hat) gleich $0{,}6 \cdot 10^9$ Jahre, so würde es $3{,}5 \cdot 10^9$ Jahre dauern, bis der Anfangswert

$$U_1 = 64 \cdot 10^{41} \text{ Erg}$$

bis auf den gegenwärtig der Sonne entsprechenden Betrag

$$U_0 = 1{,}20 \cdot 10^{41} \text{ Erg}$$

gesunken ist, wie es unsere Abschätzung des Alters der Sonne verlangt.

Zeichnen wir uns den U-Wert graphisch als Funktion der Zeit auf, so können wir nach unserer Tabelle auch die den darin verzeichneten U-Werten entsprechenden Oberflächentemperaturen als Funktion der Zeit ausziehen, wodurch wir eine zweite Kurve bekommen. In der Figur S. 52 sind die dazugehörigen Dichten nicht in einer dritten Kurve vereinigt, sondern an den verschiedenen Punkten der T-Kurve daneben geschrieben.

Damit haben wir ein einfaches und gewiß sehr anschauliches Diagramm der Entwicklung eines Fixsterns von der Masse der Sonne gewonnen. Selbstverständlich ist genau der gleiche

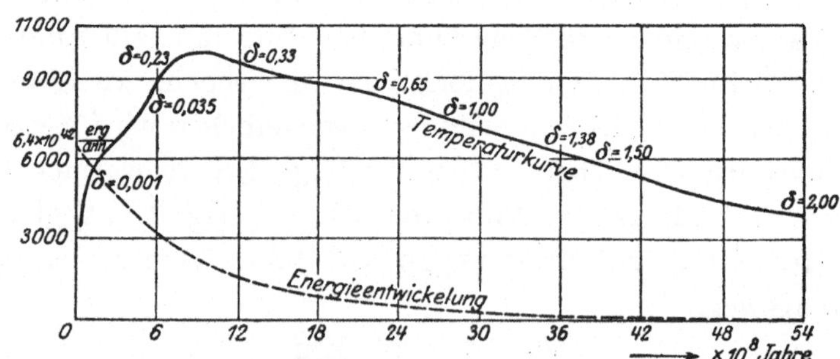

Aus der punktierten Energiekurve, deren Verlauf eindeutig durch das
Gesetz des radioaktiven Abfalls bestimmt ist, ergibt sich nach den
Zahlen der Tabelle S. 50 ebenfalls eindeutig die Temperaturkurve;
selbstverständlich wegen der Unsicherheit der vorliegenden Daten
nur in großen Zügen, so daß auf die kleinen Einbuchtungen, die sie
aufweist, natürlich nicht Gewicht zu legen ist. — Die Dichtekurve
wurde nicht ausgezogen, sondern an den entsprechenden Temperaturen der δ-Wert daneben gesetzt.

Weg auch für Sterne von anderer Masse gangbar, nur wird die Zeitbestimmung etwas unsicherer. Zunächst wird natürlich die Annahme, daß U_1 der Masse proportional ist, d. h. daß die Sterne sich aus dem gleichen Elementargemisch bildeten, am nächsten liegen, doch kann es auch anders sein. Kaum zu bezweifeln aber ist, daß, wenigstens im allgemeinen, die Entwicklung eines Sternes um so langsamer verlaufen wird, je größer seine Masse ist, und daß, übrigens bekanntlich im Einklang mit den Beobachtungen, die maximalen Sterntemperaturen ebenfalls mit der Masse zunehmen.

Unser Diagramm ist nun sofort einer einfachen Prüfung fähig. Die Zahl der Sterne in den verschiedenen Entwicklungsstadien — wir wollen hier der Einfachheit willen nur zwischen Riesensternen, weißen dichteren Sternen, gelben Zwergsternen, roten Zwergsternen unterscheiden — muß den dazu gehörigen Zeitdauern proportional sein. Wir lesen sofort der Reihe nach aus unserem Diagramm folgende Schlußfolgerungen ab:

Sehr wenig Riesensterne, sehr viel dichtere weiße Sterne, ziemlich viel gelbe Zwergsterne, sehr viel rote Zwergsterne.

Abgesehen von der letzten Konsequenz, die sich kaum prüfen läßt, weil die roten Zwergsterne wegen ihrer äußerst verminderten Strahlung bald unsichtbar werden, finden wir in unserem Diagramm das wichtigste Ergebnis der Stellarstatistik wieder.

Zeichnen wir die U-Kurve anstatt nach dem Zerfallsgesetze radioaktiver Stoffe etwa linear vom Anfangswert bis zum heutigen Sonnenwert, so gelangen wir zu einer ganz unmöglichen Temperaturkurve; es liegt also zweifellos mindestens eine Andeutung einer experimentellen Bestätigung obigen Gesetzes vor.

Den Massenverlust, den die Sonne seit ihrer Bildung durch Strahlung erlitten hat, können wir aus dem Energieintegral leicht auswerten; er ergibt sich zu $6{,}0 \cdot 10^{30}$ g, d. h. gleich $0{,}31\%$ der Sonnenmasse. — Ein erheblich größerer Wert würde, wie schon oben ausgeführt, physikalisch zur Zeit schwer verständlich sein. — Selbstverständlich ist damit durchaus vereinbar, daß in Wirklichkeit, etwa durch Aufsaugung von Meteoren, ein Massenzuwachs stattgefunden hat. Etwaige Änderungen der Umlaufszeit der Erde zur Kontrolle obigen Resultats heranzuziehen, wird also kaum gestattet sein.

Was die Sicherheit des Zeitmaßes anlangt, so kann es sich wohl kaum um beträchtlich kleinere Zeitlängen handeln; erheblich größere Werte sind an sich nicht ausgeschlossen, aber kaum sehr wahrscheinlich. Natürlich aber wäre es von höchstem Werte, wenn sich das besprochene Diagramm noch anderweitig prüfen ließe. Bis zu einem gewissen Grade ist das noch auf folgenden Wegen möglich.

1. Wir können aus unserem Diagramm leicht abschätzen, wie lange es her ist, daß die Temperaturverhältnisse auf der Erde organisches Leben gestatten. Die Sonnenstrahlung war vor $0{,}6 \cdot 10^9$ Jahren doppelt so intensiv als heute; ebenso wird es mit dem radioaktiven Vorrat beschaffen sein, der, wie in der Sonne, so auch im Innern der Erde noch verteilt ist. Eine Verdoppelung der Wärme, die der Erde zugeführt wird, erhöht ihre absolute Oberflächentemperatur nach Formel 1 (S. 48) auf das $\sqrt[4]{2}$-fache, d. h. um 19% oder um 53^0 Celsius. Allenfalls, d. h. in der Nähe der Pole, wird eine derartige Temperatursteigerung noch als erträglich gelten können. Die geologischen Schätzungen sprechen von 400 Millionen (anstatt 600 Millionen) Jahre. Hier findet also eine befriedigende Übereinstimmung statt. — Umgekehrt dürfen wir prophezeien, daß noch nach ebenfalls etwa 400 Millionen Jahren organisches Leben auf der Erde wird existieren können, wenigstens in der Nachbarschaft des Äquators.

2. Die Nebelsterne bilden sich, wie vielfach angenommen wird, in der Nähe der Milchstraße. Ihre Eigenbewegung ist gering, ihr Vorkommen ist fast auf die nähere Nachbarschaft der Milchstraße beschränkt. Der Umstand, daß sie nicht Zeit gefunden haben, sich mit den anderen Sternen zu vermischen, beweist, daß das Entwicklungsstadium des Riesensterns relativ rasch überwunden wird. Unser Diagramm vindiziert ihnen in der Tat nur ca. 400 Millionen Jahre[1]). Vielleicht läßt sich diese mehr qualitative Übereinstimmung zu einer quantitativen Zeitbestimmung der Dauer des Riesensternstadiums ausbauen. —

Im Anschluß an obige Betrachtungen sei noch kurz die wichtige Frage gestreift, ob man berechtigt ist, wie es in neuerer Zeit vielfach geschieht, das Milchstraßensystem, was die Verteilung der Örter und der Eigengeschwindigkeiten der einzelnen Sterne anlangt, als im statistischen Gleichgewicht (einer Gasmasse vergleichbar) befindlich anzusehen. Setzen wir die zu durchlaufende Bahn gleich 40 000 Lichtjahre — in Wirklichkeit wird man sie, da offenbar im Sinne einer derartigen Auffassung die Sterne zeitweise kometenartig weit aus dem Milchstraßensystem herausschießen müßten, eher noch größer annehmen müssen — und nehmen wir die mittleren Eigenbewegung der Sterne zu 10 km pro Sek. an — in Wirklichkeit werden, wenn sie auch vielfach größer ist, die Sterne bei einem Umkehrpunkt lange Zeiten sehr viel kleinere Eigengeschwindigkeiten besitzen —, so gebraucht ein Stern zur Absolvierung einer „freien Weglänge"

$$\frac{40\,000 \cdot 3 \cdot 10^{10}}{10^6} = 1{,}2 \cdot 10^9 \text{ Jahre.}$$

Nehmen wir ferner an, daß, damit das erwähnte kinetisch-

---

[1]) Selbstverständlich kann diese Zahl nur die Größenordnung angeben; die Tabelle S. 50 ist in ihren Anfangswerten besonders unsicher.

statistische Gleichgewicht sich einstellt, der Stern mindestens zehn freie Weglängen zurücklegte — eine gewiß bescheidene Forderung —, so gehören dazu $12 \cdot 10^9$ Jahre, d. h. ein Zeitraum, in welchem der Stern nach unseren obigen Betrachtungen für uns längst unsichtbar geworden ist.

Ganz im Einklang mit dieser Rechnung sind nicht nur die Nebelsterne, sondern auch die dichteren weißen Sterne von einer der Wahrscheinlichkeit entsprechenden Verteilung weit entfernt[1]). — Man wird sich also wohl bewußt bleiben müssen, daß man, wenn man mit den Gesetzen der statistischen Mechanik auf diesem Gebiete operiert, auf sehr unsicherem Boden sich befindet.

S. 24. Uran als Sprengstoff. Über die Mächtigkeit der Wirkung, die eine momentane Umlagerung des Urans mit sich führen würde, kann man sich leicht durch folgende Betrachtung ein Bild machen. Die Kraft eines Sprengstoffes ist um so größer, je höher die mit der Umlagerung verbundene Wärmeentwicklung und je dichter er gelagert ist. So kann man leicht abschätzen, daß Uran bei seiner momentanen Umlagerung in Uranblei und Helium eine etwa millionenfache Wirkung ausüben würde, als einer unserer besten Sprengstoffe. Daß aber diese Umlagerung bei ungeheuer hoher Temperatur momentan erfolgen und sich auch momentan, wie bei den gewöhnlichen Sprengstoffen, fortpflanzen würde, ist nach allen Analogien zu erwarten, ebensowie, daß man dem Uran unter den Elementen keine prinzipielle Ausnahmestellung zubilligen wird.

S. 24. Energiestrahlung der Sonne. Wenn die Sonne ganz aus Uran bestände, so würde die entwickelte Wärme etwa die Hälfte ihrer ausgestrahlten Energie decken; ein

---

[1]) Vgl. hierüber wie auch über viele andere damit zusammenhängende Fragen die Betrachtungen und Zahlenangaben bei S. Arrhenius, Lebenslauf der Planeten (Leipzig 1921).

Gramm Uran gibt im stationären Zustande (d. h. im „radioaktiven Gleichgewicht" mit allen Abbauprodukten) 2,5 $\cdot 10^{-8}$ cal. pro Sekunde[1]). Eine Uranmasse, gleich der Sonnenmasse, würde also $1,9 \cdot 10^{33}$ mal $2,5 \cdot 10^{-8}$, somit $0,48 \cdot 10^{26}$ cal. pro Sekunde entwickeln; in Wirklichkeit emittiert die Sonne jetzt nahe 10^{26} cal. pro Sekunde und hat in früheren Perioden eine mehr als fünfzigfache Strahlung besessen.

Mit den uns bekannten radioaktiven Elementen kommen wir also nicht aus; aber es ist gewiß auffallend, daß wenigstens der Größenordnung nach die Möglichkeit einer Energiedeckung vorliegt. Dies bekräftigt die Vermutung, daß doch die Wärme der Fixsterne radioaktiven Ursprungs sei, allerdings bedingt durch Anwesenheit von radioaktiven Elementen höherer Ordnungszahl, die uns noch unbekannt sind, oder vielleicht auch von radioaktiven Isotopen uns bekannter Elemente.

S. 35. Chemische Zusammensetzung der Meteoriten. Herr Privatdozent Dr. Eggert übernahm es freundlich, die Literatur über obige Frage durchzumustern; er teilte mir darüber folgendes mit:

„In seiner sehr eingehenden und kritischen Bearbeitung der gesamten Literatur über die Meteoriten stellt Cohen (Meteoritenkunde, Stuttgart 1894, 1903, 1905) das Vorkommen folgender Elemente als gesichert fest. Die „Eisenmeteorite" enthalten:

Fe	Ni	Co	Cu	C	P	S	Cr	Cl	Si
60—95	5—10	1	10^{-2}	10^{-2}	0,25	10^{-2}	10^{-2}	10^{-2}	10^{-1}—10^{-2}%

Ferner finden sich auf Kosten jener Stoffe in den ‚Steinmeteoriten‘ außerdem eingesprengte Gesteinsplitter (namentlich z. B. Olivin: $SiO : 46$; $FeO : 2$; $CaO : 3$; $MgO : 49\%$, auch nach Moissan u. a. Diamantkörnchen), so daß bei diesen Meteoriten noch überdies die Elemente:

Ca	Mg	Al	K	Na	Si
1	2	2	10^{-1}	10^{-1}	3

sowie bituminöse organische Substanzen (1—70%) vorkommen.

---

[1]) Vgl. darüber das S. 59 erwähnte Werk von St. Meyer und E. v. Schweidler.

Auffallend ist bei dieser Statistik das starke Überwiegen der Elemente mit niederem Atomgewicht; als obere Grenze erscheint das Eisen, oberhalb dessen, anscheinend als einzige Ausnahme, Mallet im Staunton-Meteoriten 0,02% Zinn, auf das er ausdrücklich achtete, festgestellt hat; auch sonst wird dieses Metall gefunden (Rammelsberg im Klein-Wenden-Meteoriten 3,49%), doch wird von allen Autoren (Smith, Cohen) seine ausgesprochene Seltenheit betont. Ganz zweifelhaft erscheint Cohen in diesem Sinne das Vorkommen von As, Sb und Zn, das gelegentlich festgestellt wurde, sich aber bei seinen eigenen Analysen nicht bestätigen ließ. — Immerhin wäre denkbar, daß die höheratomigen Elemente in zu geringer Menge in den Meteoriten vorliegen, um auf dem gewöhnlichen analytischen Wege nachgewiesen zu werden.''

Es wäre offenbar von hohem Interesse, ganz besonders auf geringe Spuren von Elementen von höherer Ordnungszahl zu achten. Man könnte nun meinen, daß, wenn sich in den Meteoriten radioaktive Prozesse von ungeheurer Zeitdauer vollzogen haben sollten, dies an ihrem Gefüge nachweisbar sein müßte. Dem steht aber entgegen, daß die Meteoriten auf ihren Bahnen durch den Weltenraum leicht wiederholt sehr heiße Sterne kometenartig umkreist haben könnten; der damit verbundene Umschmelzungsprozeß würde natürlich ein solches Gefüge vernichten.

Selbstverständlich würden alle derartigen Schlußfolgerungen entfallen, wenn die Meteorite durchweg Bruchstücke unseres Sonnensystems darstellen würden; diese Frage zu entscheiden, wäre also von höchster Wichtigkeit. — Der Umstand, daß in der Sonne, wie auf der Erde und auch in den Meteoriten das Eisen den Hauptbestandteil zu bilden scheint, wäre von unserem Standpunkte aus natürlich so zu deuten, daß dieses Element eine ganz besonders große Lebensdauer besitzt, also eine Art Ruhepunkt im radioaktiven Abbau der Elemente bedeutet.

S. 31. Nullpunktsenergie des Lichtäthers. Daß der Lichtäther ungeheure Energiemengen von in uns noch unbekannter Weise geordneter Nullpunktsenergie, jedoch in

Form von Schwingungsenergie, enthält, machen von mir 1916 veröffentlichte Betrachtungen[1]) wahrscheinlich. Zu dem gleichen Ergebnis gelangte ganz unabhängig neuerdings E. Wiechert[2]). Während ich als untere Grenze dieser Nullpunktsenergie $0{,}36 \cdot 10^{16}$ g/cal. pro ccm angab, schätzt Wiechert dieselbe mindestens auf $7 \cdot 10^{30}$ erg/ccm, somit auf $0{,}9 \cdot 10^{22}$ g/cal. pro ccm. — Wie es sich erklärt, daß diese ganz ungeheuren Energiemengen sich unserem direkten Nachweise völlig entziehen, habe ich l. c. eingehend motiviert.

S. 36. Zur sogenannten Heßschen Strahlung. Über diese Strahlung, die, falls sie, wie zur Zeit gewiß am wahrscheinlichsten, tatsächlich eine kosmische, den Weltenraum oder mindestens das Milchstraßensystem erfüllende sehr harte Röntgenstrahlung darstellt, natürlich das äußerste Interesse der Astrophysik beansprucht, vgl. das treffliche Lehrbuch der Radioaktivität von St. Meyer und E. v. Schweidler (1916), sowie besonders auch die neueren Untersuchungen von Seeliger (Münch. Ber. I, 1918). Die Strahlung wird natürlich durch die große Masse, welche sie in Gestalt der Atmosphäre zu durchdringen hat, ehe sie den Erdboden erreicht, stark geschwächt; genauere Untersuchungen werden also am besten auf hohen Bergen angestellt. Von hier aus ließe sich auch die fundamentale Frage entscheiden, ob sie im Raume gleichmäßig oder etwa von der Milchstraße aus stärker emittiert wird; daß die Sonne, die nach unseren Rechnungen noch immerhin erhebliche Mengen äußerst stark radioaktiver Substanz enthalten muß, keine merkliche γ-Strahlung der Erde liefert, erklärt sich natürlich — übrigens ganz im Einklange

---

[1]) Verhandl. D. physik. Ges. 18, 83 (1916). — Einiges ist darin nach den Entdeckungen von Bohr zu ändern, die Grundgedanken möchte ich großenteils aufrecht erhalten.

[2]) Der Äther im Weltbild der Physik, Berlin, Weidmannsche Buchhandlung 1921.

mit den im folgenden Abschnitt S. 61 besprochenen Erfahrungen — einfach dadurch, daß die betreffenden hochatomigen Elemente mehr im Innern der Sonne sich befinden.
Es ist daher sogar auch nicht zu erwarten, daß viel jüngere, an
radioaktiver Substanz entsprechend viel reichere Sterne uns
merkbare Beträge an γ-Strahlung zusenden könnten. Sollte
sich, wie vielfach vermutet wird, viel „Urmaterie" in der
Milchstraße anhäufen, so könnte letztere allerdings ein Ort
stärkerer Emission werden, was experimentell zu prüfen gewiß
von hohem Interesse wäre. Am wichtigsten aber natürlich
ist zur Zeit die Entscheidung der Frage, ob die Heß'sche
Strahlung wirklich kosmischen Ursprungs ist; sollte sich die
Milchstraße (oder vielleicht auch Nebelflecken) als bevorzugter
Sitz derselben erweisen, so wäre dadurch die Frage natürlich
bejahend entschieden. Sollte aber im Sinne der Ausführungen
S. 36 der ganze Lichtäther den Sitz dieser Strahlung bilden,
so würde die Strahlung doch kosmischen Ursprungs sein
können, auch ohne daß z. B. der Milchstraße eine Sonder-
stellung zukäme. Hier können nur sorgfältige Messungen
uns fördern.

S. 34. Planeten- und Doppelsternbildung. Da zur
Zeit die Ermittlung der Sternmassen fast nur bei Doppelsternen möglich ist, so liefern uns auch nur die Doppelsterne das
für Aufstellung von Tabellen, wie eine solche S. 50 für Sterne
von nahe Sonnenmasse mitgeteilt wurde, erforderliche Material. Wie mir gelegentlich Prof. Guthnick mündlich mit-
teilte, entsteht hier das berechtigte Bedenken, ob Doppelsterne als typische Sterne zu betrachten sind, ob also nicht
ihr Entwicklungsgang wesentlich verschieden z. B. von dem-
jenigen der Sonne gewesen ist.

Aus der neuen, sehr verdienstvollen kritischen Zusammen-
stellung von E. Bernewitz[1]) geht nun aber hervor, daß (mit

---

[1]) Astr. Nachrichten Nr. 5089, Bd. 213, März 1921.

Ausnahme von 85 Pegasi) der massigere Stern stets der hellere ist. Dieser Umstand macht es wohl fast sicher, daß (mit verschwindenden Ausnahmen) die Doppelsternsysteme durch Spaltung einer Zentralmasse entstanden sind.

Würden wir weiterhin annehmen können, daß auch die mittlere chemische Zusammensetzung der beiden Systeme bei der Spaltung ungeändert geblieben ist, so würden wir für die ausgestrahlten Energiemengen U' und U'' setzen können:

$$U' : U'' = m' : m''.$$

wenn m' und m'' die Massen der beiden Systeme bedeuten und wir könnten daher auch (mit unwesentlicher Vernachlässigung) schließen, daß das Helligkeitsverhältnis gleich dem Massenverhältnis sein müßte.

Dies findet sich aber keineswegs bestätigt; vielmehr ist fast ausnahmslos der kleinere Stern außerordentlich viel lichtschwächer, als obiger Proportion entspricht; so ist z. B. der kleinere Begleiter des Sirius (der 2,4 mal leichter ist) um rund 10 Größenklassen dunkler als der Hauptstern. Die Sternstatistik lehrt uns also im Sinne unserer Anschauungsweise, daß bei der Spaltung der kleinere Begleiter relativ viel ärmer an radioaktiver Beimischung ist als der Hauptstern.

Dies Verhalten ist aber nun physikalisch fast selbstverständlich. Denn die Elemente mit sehr hohem Atomgewicht, unter denen ausschließlich die radioaktiven Elemente nach unseren früheren Betrachtungen zu suchen sind, werden nach der barometrischen Formel, die mindestens qualitativ auf einen Gasball anwendbar ist, mehr im Innern des Sterns vorhanden sein; löst sich, wie man es sich seit Laplace stets vorstellt, ein Begleiter von der Zentralmasse ab, so wird er seine Masse mehr aus den Oberflächenschichten beziehen und daher viel ärmer an radioaktiver Substanz werden als der Zentralkörper.

Offenbar eröffnen diese Erwägungen neue Gesichtspunkte für die Statistik der Doppelsterne; hier sei nur, was für uns das Wichtigste ist, hervorgehoben, daß im Sinne unserer Betrachtungsweise

1. bei Doppelsternen von nahe gleicher Masse, falls ihre Temperaturen nicht gar zu verschieden sind, der Mittelwert zur Ermittlung des Verhaltens typischer Sterne dienen darf;

2. bei Doppelsternen von erheblich verschiedener Masse nur der Hauptstern (evtl. unter Anbringung einer kleinen Korrektion, die sich leicht aus unserer Betrachtungsweise ergibt) diesem Zwecke dienen darf;

3. bei abnormen Doppelsternen, wie 85 Pegasi, bei denen anzunehmen ist, daß sie in ihrer Entstehung voneinander unabhängig sind, jeder einzelne für sich benutzt werden darf.

Übrigens läßt sich leicht durch Vergleich von Sonne und Erde berechnen, daß, ganz im Einklang mit den obigen Ausführungen, die Erde relativ viel weniger radioaktive Substanz enthält als die Sonne; da die Sonne pro Jahr $1{,}20 \cdot 10^{41}$ Erg emittiert, so sollte die Erde mit ihrer 329 000 mal kleineren Masse, $3{,}64 \cdot 10^{35}$ Erg emittieren. Nehmen wir eine mittlere Oberflächentemperatur von 280^0 (abs.) an, so emittiert die Erde nach den Strahlungsgesetzen (die in der benutzten einfachsten Form hier allerdings nur annähernd gelten können) etwa

$$5{,}74 \cdot 10^5 \cdot 280^4 \; 5{,}09 \cdot 10^{18} = 18{,}0 \cdot 10^{23} \; \text{Erg pro Sekunde}$$

und somit

$$5{,}40 \cdot 10^{31} \; \text{Erg pro Jahr,}$$

also in der Tat sehr viel weniger, als obiger Ansatz lieferte. Die Berücksichtigung des Umstandes, daß die Erde außerdem noch große Energiebeträge von der Sonne erhält, wohl mehr, als der aus dem Innern der Erde nach außen strömenden (radioaktiv entwickelten) Wärmemenge entspricht, vergrößert die Differenz noch. Wir müssen also tatsächlich, genau wie im analogen Fall der Doppelsterne, der Erdmasse eine sehr viel kleinere Radioaktivität zuschreiben als der Sonnenmasse. Die Reihenfolge Erde—Doppelsterne lehrt sogar quantitativ, wie physikalisch zu erwarten, daß der Bruchteil an Radioaktivität, den der Zentralkörper dem abgespaltenen Trabanten mit auf den Weg gibt, mit der Masse des Trabanten wächst, indem immer mehr Massenteile, die mehr aus dem Innern des Zentralkörpers stammen, von letzterem abgegeben werden.

Der Aufbau der Materie. Drei Aufsätze über moderne Atomistik und Elektronentheorie. Von **Max Born.** Z w e i t e Auflage.

In Vorbereitung.

Äther und Relativitätstheorie. Rede, gehalten an der Reichs-Universität Leiden von **Albert Einstein.** 1920. Preis M. 2.80

Fluoreszenz und Phosphoreszenz im Lichte der neueren Atomtheorie. Von **Peter Pringsheim.** Mit 32 Textfiguren. 1921. Preis M. 48.—

Die Quantentheorie. Ihr Ursprung und ihre Entwicklung. Von **Fritz Reiche.** Mit 15 Textfiguren. 1921. Preis M. 34.—

Valenzkräfte und Röntgenspektren. Zwei Aufsätze über das Elektronengebäude des Atoms. Von Dr. **W. Kossel,** o. Professor an der Universität Kiel. Mit 11 Abbildungen. 1921. Preis M. 12.—

Ultra-Strukturchemie. Ein leichtverständlicher Bericht von Professor Dr. **Alfred Stock.** Z w e i t e , durchgesehene Auflage. Mit 17 Textabbildungen. 1920. Preis M. 12.—

Das Wesen des Lichts. Vortrag, gehalten in der Hauptversammlung der Kaiser Wilhelm-Gesellschaft am 28. Oktober 1919. Von Dr. **Max Planck,** Professor der theoretischen Physik an der Universität Berlin. Z w e i t e , unveränderte Auflage. 1920. Preis M. 3.60

Das Problem der Entwicklung unseres Planetensystems. Eine kritische Studie. Von Dr. **Friedrich Nölke.** Z w e i t e , völlig umgearbeitete Auflage. Mit einem Geleitwort von Dr. H. J u n g , o. Professor der Mathematik an der Universität Kiel. Mit 16 Textfiguren. 1919. Preis M. 28.—

Geometrie und Erfahrung. Erweiterte Fassung des Festvortrages, gehalten an der Preußischen Akademie der Wissenschaften zu Berlin am 27. Januar 1921. Von **Albert Einstein.** Mit 2 Textabbildungen. 1921. Preis M. 6.80